国家卫生健康委员会"十三五"规划教材配套教材
全国高等学校配套教材
供本科应用心理学及相关专业用

心理评估
学习指导与习题集

第2版

主　　编　刘　畅

副主编　邓　伟

编　　者（以姓氏笔画为序）

万洪泉	吉林大学第一医院	苏俊鹏	牡丹江医学院
马　娟	陕西中医药大学	杜夏华	内蒙古医科大学
王　昭	大连医科大学	李晓敏	承德医学院
王　烨	四川大学华西医院	杨　娟	海南医学院
王再超	湖北中医药大学	杨会会	中南大学湘雅医学院
王瑾一	四川大学华西医院	张　东	北京回龙观医院
邓　伟	四川大学华西医院	张　蕾	安徽医科大学
刘　畅	吉林大学第一医院	蚁金瑶	中南大学湘雅二医院
刘　倩	华南师范大学	姚树桥	中南大学湘雅二医院
刘志芬	山西医科大学第一医院	栾树鑫	吉林大学第一医院
刘铁川	赣南师范大学	姬旺华	河南中医药大学
刘浩鑫	暨南大学	曹运华	齐齐哈尔医学院
闫春平	新乡医学院	麻丽丽	长治医学院
许明智	广东省精神卫生中心	彭婉蓉	中南大学湘雅医学院

学术秘书　栾树鑫（兼）

人民卫生出版社

图书在版编目（CIP）数据

心理评估学习指导与习题集 / 刘畅主编. —2 版. —北京：
人民卫生出版社，2019
全国高等学校应用心理学专业第三轮规划教材配套教材
ISBN 978-7-117-28508-7

Ⅰ.①心… Ⅱ.①刘… Ⅲ.①心理测验 - 高等学校 - 教学
参考资料 Ⅳ.①B841.7

中国版本图书馆 CIP 数据核字（2019）第 099044 号

人卫智网　www.ipmph.com	医学教育、学术、考试、健康，	
	购书智慧智能综合服务平台	
人卫官网　www.pmph.com	人卫官方资讯发布平台	

心理评估学习指导与习题集
第 2 版

主　　编：刘　畅
出版发行：人民卫生出版社（中继线 010-59780011）
地　　址：北京市朝阳区潘家园南里 19 号
邮　　编：100021
E - mail：pmph @ pmph.com
购书热线：010-59787592　010-59787584　010-65264830
印　　刷：三河市尚艺印装有限公司
经　　销：新华书店
开　　本：787×1092　1/16　　印张：12
字　　数：300 千字
版　　次：2013 年 11 月第 1 版　　2019 年 6 月第 2 版
　　　　　2019 年 6 月第 2 版第 1 次印刷（总第 2 次印刷）
标准书号：ISBN 978-7-117-28508-7
定　　价：32.00 元

打击盗版举报电话：010-59787491　E-mail：WQ @ pmph.com
（凡属印装质量问题请与本社市场营销中心联系退换）

前　言

　　根据全国高等学校应用心理学专业本科规划教材的编写原则和基本要求,在《心理评估》的基础上编写《心理评估学习指导与习题集》,编写该习题集的目的是帮助读者在系统学习心理评估的同时,不断巩固和加深学习内容,测试对所学内容的掌握程度,检验合理选用心理评估方法和疏导患者不良情绪的能力,进一步更牢固地掌握重点内容,提高其独立思考、综合分析和解决实际问题的能力。

　　《心理评估学习指导与习题集》和主干教材一致,全书分为十三章。配套教材包括学习目标、重点和难点内容、习题及参考答案。学习目标将教材内容按重要程度划分为掌握内容、熟悉内容和了解内容。重点和难点内容概括了本章的主要内容;将教材中的相应知识点加以准确、简练地阐述,既注重知识点之间的联系和逻辑关系,又力求做到重点内容突出。在"习题"部分,参照国内各种考试标准和要求,确定题型(包括名词解释、单项选择题、多项选择题、问答题、论述题和综合应用题六种题型)、格式与不同难度题所占的比例。在出题时重点选择有代表性的知识点,同时兼顾知识的广度和深度。

　　同时,因为第 2 版配套教材是在第 3 版《心理评估》的基础上编写的,而第 3 版《心理评估》教材增加了一些新的知识点,所以第 2 版配套教材也在内容上做了部分调整。

　　本书编写人员由编写主干教材《心理评估》的大部分人员组成,都是长期从事此专业的临床、教学专家、教授。在编写过程中,大家不辞辛苦,尽力尽责,但由于时间仓促、工作经验和学术水平所限,本书难免存在疏漏和不足之处,诚恳希望同道、广大读者给予指正和提出有益建议。也恳请各院校师生,如果在使用中发现问题,请给予指正,以利于在下次修订时进一步完善。

刘　畅

2018 年 12 月

目　录

第一章 心理评估绪论

学习目标

1. **掌握** 心理评估的概念、特点、目的；资料搜集的方法。
2. **熟悉** 心理评估的相关概念、评估过程；评估人员的职业道德，评估人员的心理素质要求。
3. **了解** 心理评估的作用；心理评估人员的管理；心理评估发展简史与展望。

重点和难点内容

一、心理评估的概述

1. **心理评估** 心理评估是应用多种方法获得信息，对评估对象的心理品质或状态进行客观的描述和鉴定的过程。

2. **相关概念** 临床心理评估是心理评估在临床上的应用，简称临床评估。心理测量是借助标准化的测量工具将人的心理现象或行为进行量化。心理量表是按照一定规则编制、标准化的测量工具，用以在标准情境中抽取评估对象的行为样本。心理诊断是指运用心理学方法和技术评定个体的心理功能水平和心理活动状态，以判断有无心理障碍或心理疾病，以及心理障碍或疾病的性质和程度的过程。评定是依据一定的程序和语意定义对个体行为或社会现象进行观察并予以量化的过程，分为自评和他评，评定使用的工具叫评定量表。

3. **心理评估的特征** 间接性、相对性、互动性。

4. 心理评估在教育、咨询、临床、人事管理等多个领域起着重要的作用，还应用在精神病学领域等其他方面。

二、心理评估的一般过程

心理评估过程包括评估准备、资料搜集及分析总结三大阶段。

1. **评估准备阶段** 要阅读评估申请，根据申请人希望解决的首要问题，确定评估目的、评估内容和决策标准，并拟定计划。心理评估的目的包括筛查、诊断、预测和进程评价。

2. **搜集资料** 是心理评估过程的主体。整体上看，评估资料涉及对象本人和环境影响、过去经历和现在状态；资料来源大致有评估对象、知情人及文字记录；资料的搜集方法有观察、访谈、心理测验、档案查阅、作品分析、生理评估等方法。

3. **结果的解释**　是评估过程中最有挑战性的一环，要整合各种手段、各种来源的评估资料，判断资料的内在含义、探索资料对诊断和干预的意义。分析好资料后要写出评估报告。

三、心理评估者的相关要求和管理

1. **心理评估者的职业道德**　主要包括：态度严肃、尊重评估对象及管理好心理评估工具。

2. **心理评估者应具备的条件**　良好的评估者应有良好的专业知识，对能力、人格等评估内容有充分的认识；掌握评估技术，要精通多种测验手段，并具有对结果的分析能力和应用结果的能力；此外还要具备适合该项工作的一些心理品质，如人格特点、智力水平、社交技能等。

3. **心理评估者的管理**　2000 年，中国心理卫生协会心理评估专业委员会发布了《心理评估质量控制规定》和《心理评估者道德准则》（修订本），对于专业人员的资格考核、培训等各个方面均做出了明确规定，并在全国开始推广心理评估与咨询从业人员的职业培训工作。

四、心理评估简史和展望

1. 中国早在隋唐之际就形成了完善的文官科举考试制度，这一制度被视为心理测验的萌芽。

2. **西方心理测验的兴起和发展**　英国学者高尔顿（Galton F）对心理测验的诞生起了重要的推动作用，1869 年他出版的《天赋的分类》开启了人的个别差异的研究，他还将统计学方法用于心理测验。卡特尔（Cattell JM）于 1890 年发表了《心理测验程序》一文，率先使用"心理测验"这一术语。1905 年法国心理学家比奈（Binet A）和助手西蒙（Simon T）编制的比奈 - 西蒙量表被认为是世界上第一个科学的智力量表。20 世纪早期，心理测验进入全面发展期，拓宽了测验靶的范围，完善了测验方式和施测方法，诞生了一批重要的心理测验。20 世纪后半叶，能力倾向测验和临床用的量表发展很快。近 20 年来，学界对著名的经典测验进行了全面的修订。随着心理测验不断编制和应用，测验编制理论和策略也在发展，同时心理测量学理论也不断发展。20 世纪 50 年代之前，经典测验理论占据主导地位，50 年代之后经典测量理论与项目反应理论、概化理论等现代测量理论并存。

3. **现代心理测验**　于 20 世纪初开始传入我国；到 20 世纪中期，在我国很少甚至完全不用心理测验；20 世纪 70 年代末以来，我国心理测验事业得到逐渐复苏并快速发展。

4. 进入 21 世纪以来，在心理评估领域又出现了两个新的发展趋势：一是加强心理评估工具对各种潜在认知加工成分的评估；二是心理评估的计算机化。

习　题

一、名词解释

1. 心理评估
2. 心理测量

3. 心理量表

4. 心理诊断

5. 控制观察

6. 常模参照

7. 作品分析

二、单项选择题

1. 心理咨询师给某小学生做智力测验,询问其老师、家长他的学习和生活情况,进而分析他的智能水平和特点。心理咨询师进行的活动是(　　)。

  A. 心理评估　　　　　　　B. 心理测验　　　　　　　C. 心理测量

  D. 心理评定　　　　　　　E. 考试

2. 心理评估师见评估对象说话声音细小、语速缓慢、语调低沉,认为他情绪低落,这说明心理具有(　　)。

  A. 主观性　　　　　　　　B. 互动性　　　　　　　　C. 相对性

  D. 间接性　　　　　　　　E. 客观性

3. 临床心理评估最重要的目的是(　　)。

  A. 诊断　　　　　　　　　B. 筛查　　　　　　　　　C. 预测

  D. 进程评价　　　　　　　E. 观察

4. 为找出某社区中需要心理帮助的居民,首先需要进行(　　)。

  A. 诊断评估　　　　　　　B. 筛查评估　　　　　　　C. 预测评估

  D. 进程评估　　　　　　　E. 干预评估

5. 为评估某轻度精神发育迟滞患儿社会适应技能培训的成效,最合适的决策标准是(　　)。

  A. 常模标准　　　　　　　B. 自身参照标准　　　　　C. 专业标准

  D. 父母内定标准　　　　　E. 咨询师的经验

6. 评估某人是否能够获得公共汽车驾驶资格,最合适的决策标准是(　　)。

  A. 常模标准　　　　　　　B. 自身参照标准　　　　　C. 专业标准

  D. 领导内定标准　　　　　E. 咨询师自定标准

7. 哪一种评估中工具对心理异常与否的区分能力要求高(　　)。

  A. 诊断评估　　　　　　　B. 筛查评估　　　　　　　C. 预测评估

  D. 进程评估　　　　　　　E. 干预评估

8. 哪一种评估中工具要求对心理状态的变化敏感(　　)。

  A. 诊断评估　　　　　　　B. 筛查评估　　　　　　　C. 预测评估

  D. 进程评估　　　　　　　E. 干预评估

9. 能提供标准化、数量化资料的评估方法是(　　)。

  A. 观察　　　　　　　　　B. 作品分析　　　　　　　C. 心理测验

  D. 访谈　　　　　　　　　E. 家庭作业

10. 被视为心理测验萌芽的是(　　)。

  A. 隋唐之际形成的科举考试　　　　　　B. 夏朝时的文官考试

  C. 七巧板的发明　　　　　　　　　　　D. 诸葛亮观人七法

E. 七步诗

11. 用以全面评判脑外伤后患者智能水平低下及其程度的最恰当的技术是(　　)。

    A. 心理测量　　　　　　B. 心理评定　　　　　　C. 心理诊断

    D. 心理测验　　　　　　E. 数学考试成绩

12. 医生基于知情人提供的资料和检查时的发现 PANSS 各项目的评分要点给被试逐项打分,这是(　　)。

    A. 心理治疗　　　　　　B. 心理评定　　　　　　C. 心理诊断

    D. 心理咨询　　　　　　E. 综合评价

13. 从实施方法和过程看,与心理诊断最接近的技术是(　　)。

    A. 心理测量　　　　　　B. 心理评定　　　　　　C. 心理测验

    D. 心理评估　　　　　　E. 综合评价

14. 心理评估者应该与评估对象建立和谐关系,因为评估具有(　　)。

    A. 主观性　　　　　　　B. 互动性　　　　　　　C. 相对性

    D. 间接性　　　　　　　E. 客观性

15. 确定评估目的的依据是(　　)。

    A. 访谈发现　　　　　　B. 观察结果　　　　　　C. 评估申请

    D. 评估计划　　　　　　E. 来访者的要求

16. 评估对象的近端环境有(　　)。

    A. 学校　　　　　　　　B. 社区　　　　　　　　C. 媒体

    D. 风俗　　　　　　　　E. 少数民族聚居地

17. 公认为世界上第一份科学的智力量表是(　　)。

    A. 韦氏智力量表　　　　B. 比奈 - 西蒙量表　　　C. 陆军甲种测验

    D. 瑞文推理测验　　　　E. 斯坦福量表

18. 编制 Woodcock-Johnson-Ⅲ 的理论基础是(　　)。

    A. PASS 理论　　　　　　　　　　　　B. Woodcock-Johnson 理论

    C. Sternberg 理论　　　　　　　　　　D. Luria 神经心理学理论

    E. Cattell-Horn-Carroll 理论

三、多项选择题

1. 心理评估收集资料的方法包括(　　)。

    A. 观察　　　　　　　　B. 心理测量　　　　　　C. 访谈

    D. 作品分析　　　　　　E. 生理评估

2. 心理评估的特性包括(　　)。

    A. 直接性　　　　　　　B. 间接性　　　　　　　C. 主观性

    D. 相对性　　　　　　　E. 互动性

3. 心理评估能派上用场的情景包括(　　)。

    A. 选专业　　　　　　　B. 结核诊断　　　　　　C. 痴呆诊断

    D. 选人才　　　　　　　E. 选汽车

4. 心理评估可用于评估(　　)。

    A. 智能水平　　　　　　B. 焦虑水平　　　　　　C. 自信程度

    D. 收入水平   E. 肥胖程度

5. 在实际工作中,心理评估的目的包括(　　　)。

    A. 诊断   B. 预测   C. 创收

    D. 筛查   E. 进程评估

6. 在评估资料搜集计划中应该合理安排的内容包括(　　　)。

    A. 搜集方法   B. 搜集来源   C. 操作流程

    D. 场地安排   E. 测量工具

7. 心理评估可能搜集的内容包括评估对象的(　　　)。

    A. 靶的现状   B. 教育经历   C. 疾病经历

    D. 父母文化   E. 父母职业

8. 关于评估对象和知情人提供的资料的准确性,正确的说法有(　　　)。

    A. 有人喜欢夸大自己的痛苦   B. 有人喜欢缩小自己的困难

    C. 自我中心者对别人的要求过低   D. 智力低的人常常低估别人的能力

    E. 父母溺爱儿女时会夸大其优点

9. 高尔顿(Galton F)在心理测量方面的工作包括(　　　)。

    A. 出版《天赋的分类》   B. 采用生理指标测量智力

    C. 建立了人类测量实验室   D. 提出术语"心理测量"

    E. 统计学方法用于心理测验

10. 基于系统的智力理论编制成的智力量表包括(　　　)。

    A. 比奈 - 西蒙量表

    B. 韦克斯勒成人智力量表

    C. Kaufman 儿童智力成套测验

    D. Das 与 Naglieri 认知评价量表

    E. Woodcock-Johnson 认知能力测验第 3 版

11. 能提供量化资料的评估方法有(　　　)。

    A. 自然观察   B. 自我评定   C. 作品分析

    D. 心理测验   E. 控制观察

12. 生理过程的常规评估内容包括(　　　)。

    A. 血压   B. 血型   C. 心率

    D. 心境   E. 肌肉紧张度

四、问答题

1. 与非标准化的评估相比,心理评估有哪些不同?

2. 心理评估就是心理测量吗?

3. 临床评估观察的内容有哪些?

4. 观察法有哪些局限?

5. 如何避免评估偏差?

6. 如何对待评估对象的相关资料?

7. 良好的心理评估者应具备什么样的心理素质?

8. 临床心理评估有哪些具体作用?

9. 简述心理评估准备阶段的具体步骤。

10. 心理评估的常规内容有哪些?

11. 心理问题的诊断评估常常要收集哪些资料?

参 考 答 案

一、名词解释

1. 心理评估:应用观察、访谈、心理测验等多种方法获得信息,对评估对象的心理品质或状态进行客观的描述和鉴定。

2. 心理测量:是借助标准化的测量工具将人的心理现象或行为进行量化。

3. 心理量表:是按照一定规则编制的标准化的测量工具,用以在标准情境中抽取评估对象的行为样本。

4. 心理诊断:是指运用心理学方法和技术评定个体的心理功能水平和心理活动状态,以判断有无心理障碍或心理疾病,及其性质和程度。

5. 控制观察:指让评估对象在预先设置的情境中活动而进行的观察。

6. 常模参照:就是拿评估对象去跟常模比较,即与同他具有可比性人群的一般情况相比较。

7. 作品分析:是分析评估对象所作的日记、书信、图画、工艺等文化性的创作和他在生活和劳动过程中所做的事情或产品,以评估其心理水平和心理状态。

二、单项选择题

1. A　　2. D　　3. A　　4. B　　5. B　　6. C　　7. A　　8. D　　9. C　　10. A
11. C　　12. B　　13. D　　14. B　　15. C　　16. A　　17. B　　18. E

三、多项选择题

1. ABCDE　　2. BDE　　3. ACD　　4. ABC　　5. ABDE　　6. ABCDE
7. ABCDE　　8. ABDE　　9. ABCE　　10. CDE　　11. BD　　12. ACD

四、问答题

1. 与非标准化的评估相比,心理评估有哪些不同?

答:心理评估是一种有计划的职业行为和技术,与非标准化的评估不同之处有:第一,评估者是具有资格的心理学或相关专业的专业人员;第二,使用观察、访谈、测量等方法,广泛深入地搜集资料,且使用的评估程序和心理测验准确有效;第三,评估的各个阶段都会受到理论的指导。

2. 心理评估就是心理测量吗?

答:心理评估是应用多种方法获得信息,对评估对象的心理品质或状态进行客观的描述和鉴定的评估过程。心理测量是借助标准化的测量工具将人的心理现象或行为进行量化。二者有时被视为同义词互换使用,但严格说它们是有区别的:第一,心理评估可通过心理测量获得信息,还可有访谈、观察、调查等方法搜集资料;第二,心理测量常常得到量化的结果,心理评估的资料可以是定性的或定量的;第三,心理测量重点是搜集资料,心理评估则要求整合资料并解释资料的意义,作出结论。

3. 临床评估观察的内容有哪些?

答:一般来说包括:着装仪表;身体外观,即肥瘦、高矮、畸形及其他特殊体型;人际交往风格,如主动或被动、大方或尴尬、是否容易接触、对别人的态度;言语及其表情,比如表达是否切题、清晰、简洁、流畅、遣词造句风格、语速语调音量的变化、面部表情和眼神等;动作,如动作数量、对象及其目的是否恰当,动作是否协调、是否有怪异动作和刻板行为;应对困难情境的风格和能力等。

4. 观察法有哪些局限?

答:观察法的局限性有:第一,观察针对的只是外显行为,而评估者感兴趣的认知评价、情感体验等内在心理过程不能直接观察;第二,个体的外显行为是多种因素共同作用的结果,带有一定的偶然性,因此观察的结果不易重复;第三,间接观察特别是隐私行为的观察涉及伦理学问题;最后,观察结果的有效性还取决于观察者的洞察能力、分析综合能力等,观察中可能因为光环效应、期望效应等因素导致观察结果错误。

5. 如何避免评估偏差?

答:主观方面,应不带主观色彩地全面搜集资料,分析数据,客观谨慎地报告结果。评估者切忌与评估对象有情感、利益的关联,力戒主观好恶影响评估结果。客观方面,选用那些已经过严格论证,具有良好信度、效度的测验工具。

6. 如何对待评估对象的相关资料?

答:要妥善保管评估对象的资料,没有得到评估者本人的允许,不能将被评估者的信息透露给无关人员。但是,有的情况下可以例外,如与评估者同事、申请人交流,讨论案例,向评估对象的监护人告知被评估者可能进行的危险举动,以及不透露信息就会触犯法律的其他情形。当被评估者流露出对其他人不利的动机时,要用适当的方式让他们知道自己行为的后果,同时在保护其隐私的前提下提醒相关人员采取预防措施。

7. 良好的心理评估者应具备什么样的心理素质?

答:人格特点:评估者要尊重人,愿意助人,乐于并善于与人交往,情绪积极稳定,自信独立,有自知之明。

智能水平:心理评估者应具有较高的智能水平。应善于察言观色,具备敏锐的观察能力。在评估中不仅要观察,而且能根据被评估者的外部行为表现推测其内部的心理活动。评估中还要善于记忆、善于思考。

社交技能:缺乏沟通能力或技巧则很难使对方敞开心扉,难以得到评估所需的内容。

8. 临床心理评估有哪些具体作用?

答:做出决定,临床心理科医生只能在心理评估之后才能进行确定诊断、制订治疗方案、向来访者或病人提出忠告或建议。

形成印象,使医生形成对来访者或病人的印象。

核实假说,通过观察和其他途径将各种渠道来的信息综合成整体,形成一个初步假说,再通过临床心理评估加以核实和修正,以便形成新的假说。

9. 简述心理评估准备阶段的具体步骤。

答:在评估准备阶段,要阅读申请,根据申请者希望解决的首要问题,确定评估目的、评估内容和决策标准,并拟定计划。

10. 心理评估的常规内容有哪些？

答：生理过程包括心律、血压、皮电、肌肉紧张度、性启动水平、警觉反应和眼动轨迹等；认知过程包括注意、记忆、智力、自我知觉、对意外事件的知觉等；情绪过程是心理评估的重点，包括目前的心境、情绪水平特征和情绪反应；行为方面包括外显行为的测量如成就测验、刺激情境中的行为观察以及在自然环境中的行为观察。来访者的个人特征和环境因素。

11. 心理问题的诊断评估常常要收集哪些资料？

答：求助的问题，包括问题现在的性质、强度、频率；出现时间和可能诱因、演变和处理经过、影响。既往精神和躯体疾病史、家族史。个人成长环境和重要事件。人格特点和社会支持情况。

（姚树桥　杨会会）

第二章　　心理测量学的基本原理

学 习 目 标

1. **掌握**　测量和心理测量的定义,测量的两个基本要素;量表的定义及四种水平;心理测验的定义及要素;测验常模的定义,常模团体的定义及抽取的方法;发展常模定义及种类;百分位常模的定义及种类;标准分数常模的定义;误差定义及其分类;真分数的定义,真分数与测验分数的基本假设;信度的定义,重测信度、复本信度、内部一致性信度和评分者信度的定义、误差来源及估计方法,影响信度的因素;效度的定义,效度与信度的关系,内容效度、结构效度和效标效度的定义与估计方法,影响效度的因素;难度的定义及计算方法;区分度的定义及估计方法;项目特征曲线的定义及特点,逻辑斯蒂模型的参数模型及相关参数的含义;量表编制的一般程序;测验选择应考虑的因素。

2. **熟悉**　心理测验与心理测量的区别与联系;心理测验的四个特性;常模标准化样组的条件;标准分数的线性转换与非线性转换;常模分数的两种表示方法;信度系数的解释;效度的性质;通过率难度的等距转换;项目反应理论的基本假设;量表编制一般程序的注意事项;心理评估两种常见的参照标准形式。

3. **了解**　测验标准化的内容;心理测验的四个特性;各种信度应用的注意事项;对项目的猜测度的分析;评分者绝对一致性;经典测量理论的局限性;等级反应模型;项目及测验信息量;计算机自适应测验的定义及形式;测验的选择及决策标准;被试误差及其控制。

重点和难点内容

一、测量与量表的基本概念

(一)测量与心理测量

1. **定义**　测量就是人们根据一定的法则,对客观事物的属性进行某种数量化确定的过程。心理测量则是依据一定的心理学理论,并采用一定的操作程序,对人的行为做出的某种数量化确定。

2. **心理属性的量可以测量。**

(二)测量的要素

任何测量都必须具备两个基本要素:

1. **参照点** 是量的计算起点,有绝对零点与相对零点之分。绝对零点表示事物处于一种"全无"状态。相对零点是人们为了比较事物的方便,参照一定的标准而确定的 0 点。心理测量只有相对零点。

2. **好的单位** 必须满足两个条件:一是具有确定的意义;二是要有相等的价值。心理测量的单位不够完善,既无统一的单位,也不符合等距的要求。

(三)测量的量表

1. **定义** 要对某个事物进行测量,必须有一个定有单位和参照点的连续体,将要测量的事物放在这个连续体的适当位置上,看它距离参照点的远近把事物的属性描述出来,这个连续体就叫量表。

2. **量表的四种水平** 史蒂文斯(Stevens SS)根据对测量结果数量化描述的不同水平,将测量从低级到高级分成四种水平:①名称量表是表示事物属性或类别的一种量表,其特点是对事或人进行分类或描述;②等级量表是对事物进行排序所形成的量表,其特点是既没有计算时的绝对零点,又没有相等的测量单位;③等距量表是一种具有相等的测量单位的量表,没有绝对零点,只具有相对的零点;④比率量表则是一种既具有绝对零点,又具有相等的测量单位的一种测验量表。心理测量从实质上讲是一种等级量表。

(四)心理测验及其要素

1. **心理测验与心理测量** 二者是有区别的,心理测验为心理测量的工具,心理测量是以测验为工具来了解人类心理的活动,因此心理测量的意义更为广泛一些。

2. **心理测验定义** 是测量一个行为样本的程序,或由一定数量的题目组成用于测量人的某项品质或学生掌握程度的工具,通俗来讲心理测验就是由有关领域的专家经过长期的编制、试用、修订、完善而逐渐形成的标准化测量工具。

3. 心理测验包括行为样本、标准化和客观性三个要素。

(1)行为样本:是反映个体行为特征的一组代表性的行为。

(2)标准化:是指测验编制与实施等所遵循的一套标准程序,内容主要包括测验材料、测验实施、测验评分和测验解释的标准化。

(3)客观性:是衡量科学性的一个重要标准,行为样本的代表性和测验程序的标准化都是为了确保心理测验的客观性。

(五)心理测验的特性

1. **定量性** 心理测验是对人的心理属性给予数量化。

2. **间接性** 心理测验只能通过测量人的外显行为来推测人的心理特质。

3. **客观性** 心理测验的实施遵循一定的标准程序,并对测验工具的信度和效度、测验试题的难度和区分度做出分析,保证其符合测量学的要求,因而又具有客观性的特点。

4. **相对性** 心理测量结果没有绝对零点,所拥有的只是一个连续的行为序列,因此又具有相对性的特点。

二、测验常模

(一)定义

是指标准化样组在某一测验上的平均水平,可以用它来表示个体分数在团体中相对位置的高低。

（二）常模团体

1. **定义**　由具有某种共同特征的人所组成的一个群体，或者是该群体的一个样本。

2. **常模团体的条件**　在建立常模时所抽取的常模团体一定要具有代表性。所谓的代表性就是说从今后施测的总体中所抽取的样本能够代表该总体的特征，这样的样本称为标准化样本。标准化样本应当具备以下 4 个条件：①样本要明确；②样本要有代表性；③取样过程要有详细说明；④样本大小适当。根据上述要求抽取人员，组成标准化样组，然后按正式测验的要求，对该样组成员进行测试，就能得到常模。

3. **常模团体抽取的方法**

（1）简单随机抽样（simple random sampling）：是按随机原则直接从总体中抽取研究个体作为样本的方法。具体操作上有抽签法和随机数字法。

（2）系统抽样（systematic sampling）：是以某个随机数字为起点，间隔一定单位抽取的样本，又称机械抽样。系统抽样的间隔值（k）可由总体容量与样本容量的比值来确定，即 $k=N/n$。

（3）分层抽样（stratified sampling）：若先按照有关标志把总体分为若干层次，再在每一层抽样的方法，有比例抽样和非比例抽样两种方式。

（4）整群抽样（cluster sampling）：是指以群为抽样单位进行抽样的方法，譬如，以班级、学校等为单位进行抽样。

在同一个研究中，可以使用多种抽样方法进行抽样。

（三）常模类型

常模从选用范围上可分为全国常模、区域常模和特殊常模，从解释方法上可分为发展常模、百分位常模和标准分数常模。

1. **发展常模（developmental norm）**　是指儿童的身心特质按照正常途径发展所处的发展水平。包括发展顺序常模、年龄常模和年级常模。

（1）发展顺序常模：是在婴幼儿行为发展观察中建立的量表，其发展变化与年龄密切联系。最早的发展顺序量表是 1925 年盖塞尔（Gesell）研制的婴儿早期行为发展顺序量表。

（2）年龄常模：是指个体在某个年龄组的平均发展水平，以心理年龄表示发展水平。心理年龄的确定是以每一年龄组通过的题目数量来确定的，并以通过率或平均数作为指标。

（3）年级常模：也叫年级当量，是指某年级全体学生一般水平的一个分数，主要用于教育成就测验之中。如一个刚升入四年级的学生，在准备性测验中，语文的年级分为 4.7，表示其语文水平达到了在四年级学习了七个月的水平（按 10 个月 / 学年计算）。

2. **百分位常模（percentile norm）**　包括百分等级常模和百分位数常模。

（1）百分等级常模：是指一群分数中低于某分数所占的百分比，即把群体分成 100 个等份，看每个考生处于第几个等份，通常用百分等级表示，记作 P_R。百分等级的基本计算公式为

$$P_R = 100 - \frac{100R-50}{N}$$

式中 R 为顺序，N 为团体人数。

除了用计算法外，还可用百分等级的统计图来进行。

（2）百分位数常模：百分位数常模中的百分位数是百分等级的逆运算，是指某一百分等级所对应的原始分数。

3. 标准分数常模

（1）Z标准分数：是以标准差（SD）为单位所表示的观测分数（X）与其平均数（$\bar{X}$）的偏差，用符号Z表示，公式为

$$Z = \frac{X - \bar{X}}{SD}$$

Z标准分数是一种等距的量表分数，可以用来比较同一个人在不同测验中的分数优劣，还可以用来比较不同的人在不同的测验中的分数高低。

（2）Z标准分数的线性转换：由于Z分数不仅有小数，而且也有负值，在使用中不太方便，为此在不同的情形下需依据线性模型做进一步的转换，其公式为

$$Z' = AZ + B$$

式中，A、B为常数，A为总标准差，B为总平均数。

（3）非线性转换——正态化的标准分：在心理测验的许多情形下要求分数的分布为正态，这时就需要对偏态分布的观测分数做非线性的转换，常见的如T分数，其一般公式为

$$T = 10Z + 50$$

T标准分的转换过程是当原始分数不呈正态分布时，则需要对观测分数作"次数分布表"，并求出相对累积次数；然后查"正态分布表"获得与每一个相对累积次数对应的Z分数，最后再代入T公式。

正态化的标准分不仅形式很多，而且应用也颇多。譬如，标准9分是以标准差为2，平均数为5，最高分为9，最低分为0的正态化分数体系。

（四）常模分数的表示方法

1. 转换表 一般是由观测分数、导出分数或对常模团体的具体描述等要素所构成的表格，有简单转换表和复杂转换表。

2. 剖析图 是以图形的方式表示测验分数的转换关系，其特点是直观性很强，既能给出量的描述，又能给出质的描述。

三、信度、效度与项目分析

（一）信度

1. 信度的理论

（1）误差种类与误差分数：在心理测量中，误差是指与测量目的无关的因素所引起的测量结果的不一致或不准确。根据测量误差产生的原因，有随机误差和系统误差两类。随机误差是由偶然的、无法控制的因素所引起的误差，变化在大小和方向上是无规律可循的。系统误差是由一些恒定的、有规律性的因素所引起的误差，变化是有规律可循的。经典测验理论将随机误差导致的测验分数与真实分数的差异称为测量误差（measurement error），用E表示。

（2）真分数与基本假设：在完成一次心理测试后实际得到的是原始分数，也称为观察分数（observed score）或实得分数，用X表示。理论上，如果测量误差已知，就可以从观察分数中消除随机误差，得到个体在测验上的真实得分，称之为真分数（true score），用T表示。经典测验理论认为三者的数学关系为：$X = T + E$ 或 $T = X - E$。根据方差分析的原理，在一定的假设下，测验分数的方差 S_X^2 可分解为真分数的方差 S_T^2 和误差分数的方差 S_E^2，其公式为

$$S_X^2 = S_T^2 + S_E^2 \text{ 或 } S_T^2 = S_X^2 - S_E^2$$

（3）信度的定义：是指测量工具的稳定性或可靠性。根据基本假设，我们可以将信度定义为在一组测量分数中真分数方差 S_T^2 占测验分数方差 S_X^2 的比值，即 $r_{XX} = \dfrac{S_T^2}{S_X^2}$。真分数和误差分数的方差是不能直接测量的，因此信度是一个理论上构想的概念，在实际应用时，通常以平行测验测量结果的一致性来评估信度高低。

2. **信度的估计方法** 信度的确定方法是根据不同的测量误差来源划分的，主要有重测信度、复本信度、内部一致性信度、评分者信度等。

（1）重测信度（test-retest reliability）：又称稳定性系数，它的计量方法采用的是重测法，即我们用同一份测验对同一组被试在不同的时间测试两次所得结果的相关系数。通过重测信度我们可以了解测验结果在经过一段时间之后的稳定程度如何，重测信度越高，说明测量的结果越一致、越可靠。重测信度最适宜的时距随测验目的、性质和被试特点而有所不同，一般是两周到四周较好，最好不超过六个月。

（2）复本信度（alternate form reliability）：又称等值性系数，它是对同一组被试在最短的时间内测试两个等值测验所得的相关系数，认知测验较为常用。影响复本信度的测量误差主要是内容取样或试题取样问题。有时我们也利用不同的时间来施测两个复本，这时所得到的信度系数称为稳定性与等值性系数。在稳定性与等值性系数中，一方面考虑了测验跨时间的一致性，另一方面又考察了跨形式的一致性。

（3）内部一致性信度：主要是反映测验项目之间的关系，表示测验能够测量到相同内容或特质的程度，其测量的误差来源主要是内容取样和所取样的行为变量的异质性（heterogeneity）。内部一致性的计算方法主要有分半法、库德 - 理查逊（K-R）法和克龙巴赫（Cronbach LJ）系数法。

（4）评分者信度：是分析评分者评分是否一致的信度估计方法。当只有两个评分者时，可直接用 Pearson 或用 Spearman 相关法分析评分者一致性，当评分者为 3 个人或 3 个人以上时，可用肯德尔和谐系数（Kendall's coefficient of concordance，W）。分析评分结果的绝对一致性可使用组内相关（intraclass correlation）。

下面简要总结内部一致性信度的 3 种计算方法：

方法 1：分半法。分半信度（split-half reliability）是按照一般的程度施测一个测验，再把全部项目分成相等的两半（如按项目编号的奇偶性分半），分别计算每一个被试在两半测验上的总分，并求出两半测验得分的相关系数。因为测验分成两半后所计算的信度系数只是一半测验的信度，因此需要使用斯皮尔曼 - 布朗公式（Spearman-Brown prophecy formula）进行校正。使用弗拉南根（Flanagan JC）和卢伦（Kulon PJ）公式则可以直接计算出整套测验的信度。

方法 2：Cronbach's α 系数法。克龙巴赫（Cronbach LJ，1951）提出了用 α 系数来计算信度。α 系数不仅用于多级记分的项目，而且也用于 0、1 记分的项目，其公式为

$$\alpha = \frac{k}{k-1}\left(1 - \frac{\sum\limits_{i=1}^{k} S_i^2}{S_X^2}\right)。$$ 式中，k 为测验包含的项目总数；S_i^2 表示某一个项目分数的方差；$\sum\limits_{i=1}^{k} S_i^2$ 表示所有项目的方差之和；S_X^2 表示整个测验分数的方差。

方法 3：K-R 法。库德（Kuder GF）和理查逊（Richardson MW）提出并发展了一些

公式，主要用于 0、1 记分形式的项目。K-R20 公式用于测验的各个项目难度不同时，

$$K\text{-}R20 = \frac{k}{k-1}\left(1 - \frac{\sum_{i=1}^{k} p_i q_i}{S_X^2}\right)$$，其计算结果与 α 完全相同；K-R21 公式则用于测验的各个项目难

度相近时，$K\text{-}R21 = \frac{k}{k-1}\left(1 - \frac{k\bar{p}\bar{q}}{S_X^2}\right) = \frac{k}{k-1}\left(1 - \frac{\bar{X}(k-\bar{X})}{kS_X^2}\right)$。式中，$k$ 和 S_X^2 的含义与 α 系数计算

公式中相同，p_i 表示某一项目的通过率，q_i 表示某一项目的未通过率；$\bar{p}$ 表示项目的平均难度，$\bar{q} = 1 - \bar{p}$，$\bar{X}$ 表示整个测验分数的平均数。

　　经典测验理论中的信度有多种检测方法，不同的信度检测反映着不同的测量误差（表 2-1）。

表 2-1　几种信度类型的特点总结

信度类型	测验次数	版本次数	误差来源	统计方法
重测信度	2	1	时间间隔	Pearson 相关
复本信度（连续施测）	1	2	项目取样	Pearson 相关
复本信度（时间间隔）	2	2	时间间隔、项目取样	Pearson 相关
分半信度	1	1	项目取样	Pearson 相关 Spearman-Brown 校正
内部一致性信度	1	1	项目取样，测验异质	0、1 记分：K-R 法 多级记分：α 系数
评分者信度	1	1	评分者	Pearson 相关 Spearman 相关 Kendall 和谐系数 组内相关

3. 信度的指标与解释

（1）信度系数：任何信度系数都可以直接解释为各种方差的百分比。例如，若 $r_{XX} = 0.90$，即可以认为所得分数的变异中有 90% 的变异来自真分数的变异，10% 的变异来自测量误差的变异。信度系数要多高才表明测验可用呢？研究结果表明，标准化认知测验的信度在 0.90 以上，非认知测验的信度一般在 0.80~0.85 之间或更高，非标准化测验的信度在 0.60 以上。一般原则是：当 $r_{XX} < 0.70$ 时，测验不能用于对个人做出评估或预测，而且不能做团体比较；当 $0.70 \leq r_{XX} < 0.85$ 时，可用于团体比较；当 $r_{XX} \geq 0.85$ 时，才能用于鉴别或预测个体成绩。另一原则是：新编测验的信度高于原有的同类测验或相似测验。

（2）测量标准误：用一组被试的测量结果的误差分数的标准差来反映测量误差的大小，其公式为：

$$SE_m = S_X \sqrt{1 - r_{XX}}$$

　　式中，SE_m 为测量标准误，S_X 为测验分数的标准差，r_{XX} 表示信度。一个测量工具的测量

标准误与信度之间存在互为消长的关系,即信度越高,测量标准误越小;反之,信度越低,测量标准误越大。测量标准误的作用是用来衡量实际测量值(X)与被试的真值(T)的偏离程度,具体可用作估计个人真分数的范围和比较两个分数的差异情况。

4. 影响信度的因素

(1)测验长度:测验长度是指测验的题目数量。一般而言,测验越长,信度越高,原因有两个:一是测验越长,测验内容的分布范围越广,试题取样越恰当,代表性越强;二是测验越长,被试测验分数受猜测的影响越小。测验长度与信度的关系,可用斯皮尔曼 – 布朗公式导出。其公式为:

$$r'_{XX} = \frac{Kr_{XX}}{1+(K-1)r_{XX}}$$

式中,K 为题量的倍数,r_{XX} 为原测验的信度,r'_{XX} 为长度增加后的测验信度。

若是已知测验的长度与信度,要将信度提高到某个更高的水平,需要增加多少题目,则可根据上式导出其公式:

$$K = \frac{r'_{XX}(1-r_{XX})}{r_{XX}(1-r'_{XX})}$$

(2)样本特征:信度系数的大小受样本性质及其分数分布范围的影响。样本越异质,分数的分布范围越分散,相关系数就越大,其信度系数也越高;反之样本越同质,信度系数也越低。

(3)测验难度:当测验难度分布范围缩小时,测验分数的分布范围也相应缩小,其信度降低。只有难度适合,使测验分数分布范围最大时,测验的信度才可能最高。从理论上看,只有当平均难度为 0.50 时,才能使测验分数分布范围最大,其信度也最高。

(二)效度

效度(validity)是指一种评估工具测到预测东西的程度,也就是测验工具的有效性、准确性的量度。

1. 效度的理论

(1)效度的定义:根据经典测验理论,测验分数方差(S_X^2)由真分数方差(S_T^2)和随机误差分数方差(S_E^2)构成。其中真分数的方差(S_T^2)又分为两部分,一是与测量目的有关的方差,称有效方差(S_V^2);一是与测量目的无关的但稳定的方差,称系统误差(S_I^2),其公式为:

$$S_T^2 = S_V^2 + S_I^2$$

将该式代入 $S_X^2 = S_T^2 + S_E^2$,则有:$S_X^2 = S_V^2 + S_I^2 + S_E^2$。在测量理论中,效度是指与测量目的有关的有效方差与测验分数方差的比值(r_{XY}^2),即:

$$r_{XY}^2 = \frac{S_V^2}{S_X^2}$$

式中 r_{XY} 为效度系数。

(2)效度与信度的关系:当效度高时信度必然高,但当信度高时效度不一定高,所以说信度是效度的必要条件,而非充分条件;效度受信度的制约,效度系数的最高值是信度系数的平方根,即 $r_{XY} \leqslant \sqrt{r_{XX}}$。

(3)效度的性质:相对性:每一种测验都有其功能与限制,任何测验的效度都是针对某种特殊的用途而设计的,因此它只用于与测验目标一致的目的和场合时才会有效,因而不具有普遍性。连续性：测验的效度只有程度上的不同，而没有"全有"或"全无"的区别，应该用高效度、中效度和低效度等词来评价测验效度。

2. 效度的类别与估计方法　估计测验效度的方法很多，常用的效度指标有内容效度、结构效度和效标效度三种。

（1）内容效度（content validity）：是指一个测验对预测内容的覆盖程度，目的主要是探讨测验题目取样的恰当性问题。内容效度是编制任何测验必须考虑的基本内容。确定内容效度方法主要是一种逻辑分析过程，通常采用专家判断法来评定假设的测验内容与代表性样本（测试题）的符合程度，并计算其符合率。可以让每位专家对几个测验项目进行评定，如评定每一项目所测量的技术或知识技能对该工作或学习是：必要的、有用但非必要的、不需要，然后统计专家对每个回答为"基本的"的人数。

Lawshe CH（1975）提出了一个统计指标来量化题目的内容效度，称为内容效度率（content validity ratio, *CVR*）。其公式为：

$$CVR = \frac{n_e - N/2}{N/2}$$

式中，n_e 表示专家们指定为"基本的"数目，N 表示专家数目。在分析一个测验的内容效度时，每一个项目的 *CVR* 都要逐一计算，项目 *CVR* 要达到 $P=0.05$ 的显著水平时才能保留，否则该项目要被删除。

除专家判断法外，还有统计分析法和经验推测法。统计分析法是借用评分者信度、复本信度和重测信度评估测验的内容效度。评分者信度越高越能反映测验的内容效度；两个复本的相关高可推论测验有内容效度，若相关低说明至少有一个题本缺乏内容效度；学生在学习新内容前后施测某一测验，若后测成绩有较大的提高，说明测验测量了课堂所学的知识，表明测验有较高的内容效度。经验推测法是以实践方法检验效度的方法，如测验总分和项目得分随年龄或年级增加而提高，则可推测测验具有内容效度。与内容效度不同，表面效度是指测验的使用者主观上觉得测验有效的程度，并不能作为效度证据。

（2）结构效度（construct validity）：结构或构想是解释心理行为理论框架或心理特质的抽象概念，结构效度是指一种测验分数能够根据某种心理学结构来解释的程度。检验结构效度资料的方法如下：

测验内方法：此类方法是以研究测验的内部构造来证明测验的结构效度。测验内方法的证据来源于三个方面：一是内容效度法，即先确定取样内容的范围，然后再利用这些资料来定义测验欲测的结构性质，若内容相符则说明有一定的结构效度；二是内部一致性，可通过各项目与总分或分测验的相关来判断测验内容是否同质，目前在数据量较大的条件下，广泛使用因素分析方法来检查测验分数的内部结构和题目与所测特质的因素负荷，此时也称为因素效度；三是分析被试的解题过程或反应特点。

测验间方法：这种方法以两个或两个以上测验关系的分析作为结构效度证据。目前普遍认为，Campel DT 和 Fiske DW 提出的多质多法矩阵（multi-trait multi-method, MTMM）是用来分析测验结构效度的可行方法。多质多法矩阵使用多种不同方法测量多个心理特质，便可得到所得数据的相关矩阵。使用不同方法测量相同特质得到的相关，称为会聚效度（convergent validity）；使用相同方法测量不同特质的相关，称之为区分效度（discriminant validity）。

此外,结构效度还可以用效标效度法、实验法或观察法来证实。若一个测验具有理想的效标效度,则该测验所预测的效标性质和种类可用为结构效度证据。譬如可以根据效标将被试分为高分组和低分组,然后比较两组被试的心理特质与理论构想是否吻合,若吻合则说明其结构效度较好。通过观察被试实验前后测验分数的变化,也可以证明结构效度。

(3)效标关联效度(criterion-related validity):又称效标效度、统计效度或实证效度,主要通过研究某个测验与某些效标变量之间的相关程度以检验测验的有效性。效标是衡量测验有效性的外在标准,亦即检验测验效度的参照标准。

效标效度又分为同时效度和预测效度。如果效标分数与新编测验的分数能同时获得就称为同时效度(concurrent validity),实际操作上则是求同一组被试新编测验得分与现有测验得分(效标得分)之间的相关系数。如果新编测验分数与效标分数不能同时得到,效标分数需在一段时间以后获得则称为预测效度(predictive validity),其作用在于说明一个测验对被试心理特质或未来绩效所作预测的准确程度。

不同的测验其效标的选择不大一样。一个好的效标必须具备的条件有四:一是效标测量本身必须是有效的;二是具有较高的信度;三是可以客观测量;四是测量方法简单,省时省力。

效标效度估计的方法有很多,其中效度系数、组的分类、预期表、命中率及功利率等都可以为测验的效标效度提供数量化的指标。

1)效度系数:效度系数是测验分数和效标分数间的相关系数,是评估测验效度的基本方法。效度系数在实际应用中主要是以测验分数来预测效标成绩,具体操作可以使用回归分析的方法。

测验的效度不仅受到测验信度和效标的影响,而且还会受到效标自身效度的影响,对后者我们称为"效标污染",即被试的效标成绩因评定者知道测验分数而受影响使其有效性下降的情况。

2)组的分类:组的分类是检验测验分数是否能有效地区分由效标所定义的团体的一种方法,又称区分法,它是根据被试在效标上的分数分为成功组(H)和失败组(L),然后检验两组的测验分数有无显著差异。若存在显著差异则说明测验的效标效度较高。其公式为:

$$t = \frac{\overline{X}_H - \overline{X}_L}{\sqrt{\dfrac{S_H^2}{N_H} + \dfrac{S_L^2}{N_L}}}$$

不过,检验值受样本容量的影响,当团体较大时,较小的平均数之差也会具有统计意义,为了避免这一点,同时还应分析成功组和失败组分数分布的重叠量。重叠量表示有两项指标,一是计算成功组和失败组的得分超过(或低于)另一组平均数的人数百分比,二是计算两组分布的共同区域的百分比。重叠量越小,两组分数的差异越大,测验效度越好。

3)命中率:当测验用于决策时,决策的结果会出现4种情况,即正确接受、正确拒绝、错误接受和错误拒绝,命中率是正确决策的比率,即正确接受和正确拒绝人数占总人数的比例。命中率越高,说明测验的预测效度越好。基于测验的决策有时还关注选出合格者占真正合格者比例的高低,称为敏感性。Taylor H 和 Russell T(1939)分析了影响敏感性的三个因素,其一是测验效度;其二是整个人群在效标上的合格率,称为基础率;其三是基于测验决策的选择率。

3. 效度的指标与解释

(1)决定系数:效度系数的平方称为决定系数(coefficient of determination),它表示由测验正确预测或解释的效标方差的比例。测验的决定系数越大,测验的预测效度越好。

(2)预测标准误:是指所有具有某一测验分数的被试在效标分数分布上的标准差,即预测误差大小的估计值,用 SE_{est} 表示。其公式为:

$$SE_{est} = S_Y \sqrt{1 - r_{XY}^2}$$

式中,S_Y 为效标分数的标准差。效度系数越大,预测越准确。

4. 影响效度的因素

凡是能产生随机误差和系统误差的因素都会影响到效度,但主要有以下五个方面:

(1)测验的组成:项目是构成测验的要素,项目性能包括测验的取材、长度、鉴别力、难度以及编制方式等。如果测验材料经过审慎选择,测验长度恰当,项目具有优良的鉴别力且难度分布适当,并对项目作出合理的排列,就能提高测验的效度。

(2)测验的实施:一个测验的效度要得到保证,主试应适当控制测验情境,如场地的布置、材料的准备、回答方式的说明、时间的限制等,并严格遵照测验手册的规定实施测验。反之必会降低测验的效度。

(3)被试的状态:被试的身心状态,如被试的动机、兴趣等,都能影响测验结果的可靠性和真实性,只有在被试真实反应的情形下才能正确地推断其心理特性。

(4)效标的性质:效标效度主要受测验的信度,效标变量的信度以及测验变量和效标变量之间相关程度的影响。

(5)样本的特征:样本的代表性、规模的大小和异质性对效度都有一定的影响。

(三)项目分析

1. 难度 难度(item difficulty)是指项目的难易程度,是反映最高行为测验难度水平的一个指标,最基本、最简单的方法是项目通过率,即以答对或通过某一项目的人数百分比作为难度指标,即:

$$P = \frac{R}{N}$$

式中,R 为答对或通过的人数,N 为参加测验的人数。通过率与难度成反比,通过率越大,表示项目越容易;通过率越小,表明项目越难。对典型行为测验而言无所谓难度,类似的指标是"通俗性",其计算方法与难度相同。

心理测验的项目大多为 0、1 记分,这类项目可直接用基本公式计算。对非 0、1 记分项目的难度,需先计算被试的平均得分($\bar{X}$),再除以该题的满分值(B),即:$P = \dfrac{\bar{X}}{B}$。可借助正态分布将通过率转换成一种具有相等单位的等距量表值,做法是将难度值 P 转换为 Z 标准分数,再将其转换为平均难度为 13,标准差为 4 的标准分数量表,并以 Δ 表示,即:$\Delta = 4Z + 13$,Δ 的取值范围在 1~25 之间,Δ 值越大,项目越难,反之则越容易。在测验编制中,项目难度水平的选择取决于测验的目的、性质及项目形式等。为了使测验具有最大的

区分能力,选择项目难度的一般原则是项目的平均难度接近 0.50,各项目的难度分布则视测验性质而定。

2. **区分度** 项目区分度(discriminating power)是用于分析项目对所测心理特质的区分程度或鉴别能力,又称项目鉴别力。区分度的估计方法有下面常用的几种。

(1)鉴别指数:是通过计算高分组与低分组被试通过率的差值来分析项目的区分能力。具体计算过程如下:首先将全体被试的总分由高到低排列顺序;然后选出最上位 27% 的优秀群和最下位 27% 劣等群组成高分组和低分组;再分别求出高分组和低分组在该项目上的通过率;最后求出两个组通过率之差,即为区分度指数 D 值。$D = P_H - P_L$(表 2-2)。

表 2-2 测试题鉴别指数与优劣评鉴

鉴别力指数(D)	评鉴
0.40 以上	非常优良
0.30 ~ 0.39	良好,如能修改更好
0.20 ~ 0.29	尚可,仍须修改
0.19 以下	劣,必须淘汰

(2)项目与总分的相关:是求出项目分数与整个测验总分之间的相关系数,具体方法有点二列相关法、二列相关法和积差相关法。项目与总分的相关高,说明项目与整个测验的作用具有内在一致性,意味着该项目能把不同水平的被试区分开来,区分度高。反之,项目与总分的相关低,则说明项目的区分度低。

3. **猜测度** 猜测度用于分析学生对试题猜测的可能性程度。对于一个高质量的测验来说,猜测度越小越理想。

四、项目反应理论

(一)经典测量理论的局限性

1. **各参数估计受样本依赖性太大** 经典测量理论中项目的难度、区分度和测验的信度、效度等参数的估计对样本的依赖性是很大的。

2. **信度估计精确性不高** 经典测量理论在平行测验(又称复本)的假设下估计测验信度、测量标准误,但是严格的平行测验是不存在的,等值测验也很难获得,在此基础上估计的测验信度精确程度就比较差。

3. **相同测量标准误差难做到** 经典测量理论假定对不同能力水平的被试来说,测量的误差是相同的。而事实是,测量误差值会随着被试水平与测验难度距离的增加而变大。

4. **能力量表与难度量表不配套** 在经典测量理论中,被试能力量表是卷面总分,项目的难度量表是题目难度。被试卷面总分的参照系是测验的全部项目,项目难度量表的参照系是被试群体,可见能力量表与难度量表没有定义在同一个参照系上。

(二)项目反应理论的基本假设

1. **潜在特质空间假设** 潜在特质空间是指由心理学中的潜在特质组成的抽象空间。如果被试在一个测验项目上的反应是由他的 K 种潜在特质所决定的,如果影响被试测验分数的所有重要的心理特质都被确定了,那么该潜在空间就称为完全潜在空间。目前比较成熟的一些项目反应模型假设完全潜在空间是单维的,即只有一种潜在特质决定了被试对项目的反应。为满足实际工作需要,测量研究者已将单维项目反应理论拓展为多维项目反应理论。

2. 局部独立性假设 所谓局部独立性(local independence)假设是指某个被试对于某个项目的正确概率不会受到他对于该测验中其他项目反应的影响。近年来提出的题组反应模型已突破了局部独立性假设,可允许部分题目间作答有关联。

3. 项目特征曲线假设

(1)项目特征曲线定义:是在被试者对项目作出的反应或作出反应的概率与被测试者的潜在特质之间建立某种函数关系。项目特征曲线是以反映被试的潜在特质水平(通常用 θ 表示)作为横轴,以被试在某个项目上正确作答的概率[通常用 $P(\theta)$ 表示]为纵轴的一条回归曲线。

(2)项目特征曲线的三个特点:一是人的潜在特质量表应定义在正负无穷的区域内;二是被试在项目上正确作答的概率 $P(\theta)$ 取值在 $[0,1]$ 区间之内;三是若题目质量好,则被试的正确作答概率应随被试的特质水平的提高而提高,项目特征曲线应是一条从负无穷到正无穷的递增曲线。有些模型的项目特征曲线不符合第三个特点,如展开模型。

(三)项目反应模型

测验的记分方式不同,需选用不同的项目反应模型,若测验项目属 0、1 评分,可选用单、双、三参数逻辑斯蒂模型、正态肩形模型等;若测验项目为多级评分时,可选用等级反应模型。

1. 逻辑斯蒂模型 是伯恩鲍姆(Birnbaum A)于 1958 年提出的,特征函数可分为单参数、双参数和三参数 3 种模式,它们的数学表达式分别为:

单参数逻辑斯蒂模型(one-parameter logistic model)公式:

$$P(\theta) = \frac{1}{1+e^{-D(\theta-b)}}$$

双参数逻辑斯蒂模型(two-parameter logistic model)公式:

$$P(\theta) = \frac{1}{1+e^{-Da(\theta-b)}}$$

三参数逻辑斯蒂模型(three-parameter logistic model)公式:

$$P(\theta) = c + \frac{1-c}{1+e^{-Da(\theta-b)}}$$

式中,θ 为被试特质水平值,$P(\theta)$ 为特质水平为 θ 的人答对此项目的概率,参数 a 为项目的区分度,参数 b 为项目的难度,参数 c 为题目的猜测系数,D 为常数 1.702,e 为自然对数的底数。

个体潜在特质参数 θ 的取值范围为 $-\infty$ 到 $+\infty$,$P(\theta)$ 的值随 θ 值的增大而增大,即随着个体潜在特质水平的提高被试在该项目上的正确作答率越来越高。区分度参数 a 是曲线拐点处的斜率的函数值,参数 a 越高,曲线越陡,答对概率 $P(\theta)$ 对特质水平的变化就越敏感,即项目区分被试者水平的能力越强。难度参数 b 值确定,项目特征曲线在横轴上的位置也就确定了。题目越难,b 值越大,所需能力越高,项目特征曲线越偏右,一般能力的被试答对该项目的概率会降低;题目越容易,b 值越小,项目特征曲线越偏左,答对概率提高。伪

猜测度参数 c 是项目特征曲线的下渐近线，c 值越大，说明不论被试能力高低，都容易猜对该项目。

单参数模型只考虑项目难度，双参数模型考虑了项目的难度与区分度，而三参数模型则考虑了项目的难度、区分度和猜测系数三者。当测验项目可以通过猜测等因素而作出正确答案时，选用三参数模型比其他两个模型更适宜。

2. **等级反应模型** 对于多值记分的题目数据 0、1、2……M，可使用等级反应模型（graded response model，GRM）来分析。

等级反应模型是双参数逻辑斯蒂的直接扩展，特质水平为 θ 的被试得分为 k 分的概率使用下式计算：

$$P_k(\theta) = P_k^*(\theta) - P_{k+1}^*(\theta)$$

式中，$P_k^*(\theta)$ 和 $P_{k+1}^*(\theta)$ 分别为特质水平为 θ 的被试得分不低于 k 和 $k+1$ 分的概率；k 的取值范围为 $0 \sim M$。等级反应模型中定义 $P_0^*(\theta) = 1$，另外 M 个 $P_k^*(\theta)$ 使用双参数逻辑斯蒂模型计算。

3. **参数估计** 应用项目反应理论编制测验，需进行参数估计。实际情况往往是被试能力和题目参数均未知，需要根据被试的作答反应矩阵同时估计所有新编测验项目的参数和所有参测被试的潜在特质水平参数。其中最为普遍使用的方法是最大似然估计法。

（四）题目与测验信息量

项目反应理论用统计学中的信息函数（information function）来描述项目或测验的质量。如，双参数逻辑斯蒂模型下的一个项目的信息函数值的计算公式为：

$$I(\theta) = a^2 P(\theta)[1 - P(\theta)]$$

式中，a 是项目的区分度；$P(\theta)$ 是特质水平值为 θ 的被试的作答概率。项目信息函数值随特质水平 θ 变化而存在差异，为有针对性地依据被试特质水平挑选项目提供了有效的工具。在项目反应理论中，整个测验的质量与项目的质量有非常明确的关系，测验信息函数即所有项目的信息函数之和，$T(\theta) = \sum_i I(\theta)$。

（五）计算机自适应测验（computerized adaptive testing，CAT）

CAT 是近年来发展起来的一种新的测验形式，它以项目反应理论为基础，以计算机技术为手段。其最吸引人的特性在于能够针对每个被试不同的能力水平匹配一套适合其水平的测验，从而达到节省测验时间、高效准确地估计出被试能力水平的目的。

五、量表编制的一般程序

编制测验一般要经过确定测验目的，编制试题与预测，测验质量的评估，建立测验常模；编写测验手册等步骤。

（一）确定测验目的

包括明确测验对象、用途以及目标。

1. **测验用途** 编制测验首先要解决的问题是为什么测，即确定测验的性质。

2. **测验对象** 编制的测验用于什么样的团体是编制者首先要考虑的问题之一，是儿童还是成人，被试团体的年龄范围、文化程度、地理区域、阅读水平等如何。

3. **测验目标** 确定测验目标是解决测什么的问题，就是确定测验的内容，是智力测验还是人格测验,是学业成就测验还是学业能力倾向测验。

(二)编制试题

试题编制是整个测验编制中最重要的一环,它包括试题编写、编排、预测、修改等内容。

1. 拟定项目编制计划 在具体分析测验目标时需要设计测验的计划,而最为简易的方法就是编写"命题双向细目表"。

2. 试题来源 主要有三方面,一是直接从正式出版的标准测验及相关资料选择合适的项目;二是由测验编制者和专家自行编写;三是依据临床观察和记录形成项目。

3. 命题的一般原则

(1)内容选取方面:在内容上首先考虑项目内容符合测验目的;其次,要求测试题的内容取样要有代表性,符合命题计划,且比例恰当;第三,要求各项目间彼此独立,互不牵连,切忌项目间的相互暗示;第四,要注重原理的应用。

(2)文字表述和理解方面:文字表述上应力求浅显简短,且不可遗漏必要的条件;措辞时不应模棱两可,不用生僻的字和过于专业化的术语,字句要简单明了,适合所测团体的阅读理解水平;每一项目应有确定的答案且不应引起歧义或争议(除创造力和人格测验外)。

(3)难度分布方面:项目的难度要有一定的分布范围,既不能过难也不要过易,各种难度都要有一些,且项目的排列要由易到难排序。

(4)项目数量方面:编制测验时,项目的数量应当是计划题量的几倍,以备项目分析时删除或淘汰。

(5)社会敏感性方面:应当尽量避免编制涉及社会禁忌或个人隐私的社会敏感性的题目。

(三)测验编排与预测

1. 试题的审定 测验的项目库建立之后,编制者和有关方面的专家还须对试题反复审核和修订,其审定的内容主要有三个方面:一是修改题意不清,用词不适,逻辑不当,内容重复的试题;二是检查试题内容与计划内容是否吻合;三是审核试题难度是否符合测验目的。

2. 试题的编排 对经过审定的试题进行组卷。试题的编排方法有两种:①并列直进式:是将整个测验的试题按照其性质分为若干分测验,同一分测验的试题再按难度由易到难排列。②混合螺旋式:是将各类试题依难度分成若干不同层次,再将不同性质的试题予以组合,做交叉式排列,其难度则逐渐升高。

3. 预测与项目分析 测验编制者将初步筛选的测试题结合成一种或几种预备测验形式,而后把这些预备测验向一组人实施,从而对测量性能的优劣获得客观性资料。在预测中应注意的事项如下:

(1)预测的一组被试应取自将来正式测验拟应用的全域(总体)中。取样时应注意其代表性,人数不必太多,也不可过少。在教育测验上通常以370人为宜。

(2)预测应力求按正规的要求进行,使其与将来正式测验的情况相近似。

(3)预测的实施,应使被试有足够的完成作业的时间,以便搜集完整的资料,使统计分析结果可靠。

(4)在预测过程中,应就被试反应情况随时加以记录。

预测后对试题进行难度、区分度、作答选项及项目功能差异等分析,为选择合适的试题提供依据。

4. 测试题性能的复核　为了检验挑选出的测试题的性能是否真正符合要求,通常需抽取另一个适当的样组再测一次,再根据其结果进行第二次的测试题分析,以复核前后两次测试题分析所得的难度、区分度是否一致。

(四)标准化

标准化的工作包括试题编制标准化,测验实施标准化,测验的信、效度以及建立常模等。

1. 测验的标准化

(1)测验内容标准化:在经典测验理论中,测验内容的标准化是指对于所有被试都给予相同的测试题,否则就无法对测验结果进行比较。但是在现代测验理论中,以项目反应理论为基础的计算机自适应测验则根据被试水平给予被试适合其水平的试题进行测试。

(2)施测条件标准化:所有被试都要在尽可能相同的条件下接受测验。具体要做到四个一致,即指导语一致,测验时限一致,评分标准一致,测验环境要求一致。

(3)测验记分标准化:测验记分应尽量做到客观,所谓客观性意指在两个或两个以上有能力的记分者之间有一致性。客观记分的程序可归结为 3 个步骤,一是及时、清楚地记录被试的反应,避免由于主试遗忘造成记分混乱;二是使用记分键记分;三是将被试的反应和记分键进行比较。

2. 测验信度和效度的鉴定　按照上述程序编制完成某一测验后,为了考核该测验是否是一个优良的测量工具,还必须对其信度和效度作出鉴定。

3. 常模的建立　测验分数必须与某种参照标准比较,才能显示出其意义。测验使用者应使用一致的标准解释测验分数,这是测量结果相互比较的基础,可称为测验分数解释的标准化。

(五)编写测验手册

测验编制的最后一步是编制测验指导手册,指导手册的内容包括测验目的与功用,选材依据,测验的基本特征,实施方法,标准答案和评分以及常模资料等。

六、测验的选择及其注意事项

(一)测验的选择

测验的选择主要从以下 3 个方面加以考虑:

1. 符合测量目的　选择测验时,测验者首先要考虑的问题就是测量的目的是什么,因为每一个测验都有其自身的特殊用途和应用范围。

2. 考察测验的实际因素　主要从测验成本、实施难易程度、评分与结果解释等方面进行。

3. 达到心理测量学的技术要求　所谓测量学的要求就是测验工具是否经过了标准化,它的信度和效度如何,是否根据代表性样本建立了测验常模,常模资料是否过时等都需要逐一考察,以保证测验工具质量。

(二)量表选择的决策标准

测量信息主要用于作判断和决策,而进行这项工作必须具备一定的参照物或标准。在心理评估中,常用的参照物有常模参照标准和标准参照标准。常模参数标准是指某一个体的状况与相应团体(即以他人为标准)进行比较,以确定其在该团体中相对位置的状况。标准参照标准则是以自我为参照点或标准进行的比较。

(三)被试误差及其控制

常见的被试误差主要有三大类:

1. **反应定势(response set)**　是被试在测验中因某种心理定势所引起的反应倾向,它使被试者做出与测验要测的特性无关的歪曲反应。在心理测验中,常见类型如下:

(1)默认:指被试者不管测验项目内容如何,对每个项目只做出"是"的肯定回答或只做出"否"的否定回答的倾向。

(2)装好和装坏:"装好"又称社会期望趋向,指被试选择那些可以得出社会认可的良好自我形象的答案的倾向。

(3)推诿:是指受试者喜欢选择"不一定""不置可否"等不确定答案的倾向。

(4)极端性:是指受试者特别喜欢用量表的两个端点作答的倾向。

(5)求"快"与求"精":快速和匆忙作答也是一种比较普遍的反应定势,求"快"是指被试作答时图快而不求准的倾向,求"精"者则相反。

(6)猜测与谨慎:猜测是指被试对正确答案不能确定而任意猜想和推测的倾向。谨慎是指被试丢开一些项目不回答的倾向。

反应定势总会降低测验效度,因此应当予以控制。

2. **应试技巧与练习效应**　被试的测验经验多少对测验成绩有着直接的影响。

3. **动机与焦虑**　被试的应试动机与焦虑水平直接影响着测验成绩,动机和焦虑适度时可以提高测验成绩,而过度时则会使思维变得狭窄和刻板,导致测验成绩下降。

习　题

一、名词解释

1. 心理测量
2. 量表
3. 常模
4. 信度
5. 系统误差
6. 内容效度
7. 区分效度
8. 难度
9. 区分度
10. 单维性假设
11. 项目特征曲线

二、单项选择题

1. 测量是( )。
   A. 用数字来描述事物的法则
   B. 根据一定的法则对客观事物的属性进行某种数量化确定
   C. 心理测量
   D. 用一些题目或数字来描述事物的属性
   E. 以测验为工具来了解人类心理的活动

2. 参照点就是确定事物数量时计算的( )。
   A. 单位　　　　　　　B. 标准　　　　　　　C. 终点
   D. 中点　　　　　　　E. 起点

3. 心理测量本质上是在( )量表水平上进行的。
   A. 名称　　　　　　　B. 等距　　　　　　　C. 等级
   D. 比率　　　　　　　E. 名义

4. ( )是由具有某种共同特征的人所组成的一个群体,或者是该群体的一个样本。
   A. 样本　　　　　　　B. 常模团体　　　　　C. 被测人群
   D. 团体　　　　　　　E. 总体

5. 常模质量的关键是标准化样本要有( )。
   A. 代表性　　　　　　B. 特殊性　　　　　　C. 相关性
   D. 可比性　　　　　　E. 可测性

6. 随机数字法是( )。
   A. 简单随机抽样　　　B. 系统抽样　　　　　C. 分组抽样
   D. 分层抽样　　　　　E. 整群抽样

7. 若以某个随机数字为起点,间隔一定单位抽取样本的方法是( )。
   A. 简单随机抽样　　　B. 系统抽样　　　　　C. 分组抽样
   D. 整群抽样　　　　　E. 分层抽样

8. 常模分数又叫( )。
   A. 标准分数　　　　　B. 原始分数　　　　　C. 粗分数
   D. 总体分数　　　　　E. 导出分数

9. 最早的发展顺序量表的范例是( )的婴儿早期行为发展顺序量表。
   A. 贝利　　　　　　　B. 比内　　　　　　　C. 葛塞尔
   D. 皮亚杰　　　　　　E. 高尔顿

10. 百分等级85表示在常模样本中有85%的人比这个分数( )。
    A. 低　　　　　　　　B. 高　　　　　　　　C. 相等
    D. 不同　　　　　　　E. 以上均不是

11. 以50为平均数,以10为标准差来表示的分数通常叫( )。
    A. 标准二十分　　　　B. 离差智商　　　　　C. 标准九分数
    D. T分数　　　　　　E. 标准十分

12. 信度主要受( )的影响。
    A. 系统误差　　　　　　　　　　　　B. 随机误差

C. 随机误差和系统误差   D. 大小和方向都恒定的误差

  E. 不确定

13. 重测信度最适宜的时距随测验目的、性质和被试的特点而异,间隔时间最好**不超过**
(   )个月。

  A. 4   B. 6   C. 8

  D. 10   E. 12

14. α 系数主要反映(   )的一致性。

  A. 两半测验   B. 题目与分测验   C. 所有题目

  D. 分测验   E. 两个平行测验

15. 当测验的信度在(   )范围内时,测验不能用于对个人做出评价或预测,而且不
能作团体比较。

  A. $r_{xx} < 0.70$ B. $0.70 \leq r_{xx} < 0.85$ C. $0.85 \leq r_{xx} < 0.95$

  D. $0.95 \leq r_{xx} < 1.00$ E. $r_{xx} = 1.00$

16. 若获得信度的取样团体越异质,计算的信度系数会(   )。

  A. 接近 0   B. 没有影响   C. 越低

  D. 越高   E. 不确定

17. 一个包括 40 个题目的测验信度为 0.85,欲将信度提高到 0.90,通过斯皮尔曼 - 布朗
公式的导出公式计算出至少应增加(   )个题目。

  A. 16   B. 24   C. 45

  D. 56   E. 64

18. 效度是指一个心理测验的(   )。

  A. 稳定性   B. 区分性   C. 可信度

  D. 一致性   E. 准确性

19. 一个测验对预测内容的覆盖程度指的是(   )。

  A. 内容效度   B. 构想效度   C. 效标效度

  D. 区分效度   E. 表面效度

20. 计算新编测验与成熟的相关测验之间得分的相关,相关高说明新测验所测量的特
质确实是老测验所反映的特质或行为。这种方法是(   )。

  A. 区分效度   B. 逻辑效度   C. 会聚效度

  D. 构想效度   E. 因素效度

21. 效度系数的实际意义通常用决定系数来表示,如测验的效度是 0.90,则测验的总方
差中有(   )来自目标真分数的方差。

  A. 10%   B. 19%   C. 46%

  D. 64%   E. 81%

22. 难度是指项目的难易程度,一般用通过率 P 代表。P 值(   )时,难度越低。

  A. 越大   B. 越小   C. 接近 0.5

  D. 接近 0   E. 无法判断

23. 英语测验的作文题满分为 20 分,该题考生的平均得分为 11 分,则该题的难度
为(   )。

  A. 0.64   B. 0.55   C. 0.50

D. 0.43　　　　　　　　E. 0.21

24.（　　）指标是项目对所测心理特质的区分程度或鉴别能力。

A. 信度　　　　　　B. 效度　　　　　　C. 难度

D. 区分度　　　　　E. 猜测度

25. 根据伊贝尔（L. Ebel）的标准，鉴别指数 D 在（　　）时，说明该项目尚可，仍需修改。

A. 0.19 以下　　　　B. 0.20 ~ 0.29　　　C. 0.30 ~ 0.39

D. 0.40 以上　　　　E. 0.5 左右

26. 单参数逻辑斯蒂模型中的参数 b 作为项目难度，b 值越大，则达到相同答对概率所需的能力值（　　）。

A. 不受影响　　　　B. 越低　　　　　　C. 越高

D. 接近 0　　　　　E. 不确定

27. 计算机自适应测验是以（　　）为基础，以计算机技术为手段的测试形式。

A. 因素分析理论　　B. 经典测量理论　　C. 正态分布理论

D. 概化理论　　　　E. 项目反应理论

28. 心理测验题目应该排除的来源是（　　）。

A. 直接翻译国外测验的题目　　　　B. 已出版的标准测验

C. 测验编制者自行编写的题目　　　D. 临床观察和记录

E. 其他专家编写的题目

29.（　　）会提高智力测验、成就测验和能力倾向测验的成绩。

A. 过高的焦虑　　　B. 适度的焦虑　　　C. 一点焦虑也没有

D. 过度抑郁　　　　E. 过度紧张

30.（　　）是指被试在测验中因某种心理定势所引起的反应倾向，它使被试者做出与测验预测的特性无关的歪曲反应。

A. 应试技巧　　　　B. 焦虑倾向　　　　C. 反应定势

D. 应试动机　　　　E. 练习效应

三、多项选择题

1. 任何测量都应该具备的要素是（　　）。

A. 量表　　　　　　B. 参照点　　　　　C. 等级

D. 单位　　　　　　E. 数字

2. 参照点有（　　）两种。

A. 绝对零点　　　　B. 相对零点　　　　C. 相对定点

D. 绝对定点　　　　E. 等距单位

3. 好的单位需满足（　　）。

A. 可用数字度量　　B. 具有确定的意义　C. 有相对零点

D. 有绝对零点　　　E. 要有相等的价值

4. 等级量表具有（　　）的特点。

A. 具有相等单位　　B. 具有相对零点　　C. 可进行加减乘除

D. 各等级之间不等距　E. 具有绝对零点

5. 心理测验具有(　　)3个要素。

 A. 行为样组　　　　　　B. 相对性　　　　　　C. 标准化

 D. 客观性　　　　　　　E. 间接性

6. 标准化样本应当具备(　　)条件。

 A. 样本要明确　　　　　B. 样本要有代表性　　　C. 取样过程要有详细说明

 D. 样本大小适当　　　　E. 采用随机取样

7. 分层抽样时(　　)。

 A. 层与层之间异质性越高越好　　　　　B. 样本越大越好

 C. 层内的同质性越高越好　　　　　　　D. 样本越同质越好

 E. 交叉分层抽样可以提高估计和推论的精确性

8. 发展常模包括(　　)。

 A. 百分位数常模　　　　B. 发展顺序常模　　　C. 年级常模

 D. 年龄常模　　　　　　E. 标准分数常模

9. 百分等级常模具有(　　)的特点。

 A. 以中位数为参照点,意义比较明确,容易理解

 B. 不受原始分数分布的影响

 C. 是一个顺序量表,不能进行四则运算

 D. 通常需要很多套常模,以适合运用测验的不同类型组

 E. 百分位数常模中的百分位数是百分等级的逆运算

10. 对观测分数做非线性的转换呈正态化的标准分有(　　)。

 A. Z 分数　　　　　　　B. T 分数　　　　　　C. 标准九分数

 D. 离差智商　　　　　　E. 标准十分数

11. 常模的表示方法主要有(　　)两种。

 A. 导出分数　　　　　　B. 转换表　　　　　　C. 剖析图

 D. 原始分数　　　　　　E. 标准分数

12. 如果复本信度考虑到两个复本实施是否有较长的时间间隔,则可以分为两类,这两类指的是(　　)。

 A. 等值性系数　　　　　B. 重测信度　　　　　C. 分半信度

 D. 稳定与等值系数　　　E. α 系数

13. 对信度与效度的关系表述正确的选项是(　　)。

 A. 信度是效度的必要而充分条件　　　B. 信度是效度的充分条件

 C. 信度是效度的必要而非充分条件　　　D. 效度是受信度制约的

 E. 信度越高,效度就越高

14. 内容效度的评估方法主要有(　　)。

 A. 专家判断法　　　　　B. 双向细目表法　　　C. 统计分析法

 D. 经验推测法　　　　　E. 命中率法

15. 效标关联效度可分类为(　　)。

 A. 相容效度　　　　　　B. 同时效度　　　　　C. 区分效度

 D. 预测效度　　　　　　E. 因素分析

16. 一个好的效标需具备(　　)。

A. 有效性　　　　　　B. 较高的信度　　　　　C. 可以客观测量
D. 测量简单,经济实用　E. 表面效度高

17. 计算项目区分度常用的方法有( )。
　　A. 点二列相关　　　　B. 二列相关　　　　　C. 鉴别指数
　　D. 多列相关　　　　　E. 积差相关

18. 经典测量理论的局限性包括( )。
　　A. 各参数估计受样本依赖性太大　　B. 信度估计精确性不高
　　C. 等测量标准误差难做到　　　　　D. 能力量表与难度量表不配套
　　E. 效度分析不正确

19. 项目反应理论的基本假设包括( )。
　　A. 潜在特质空间假设　B. 局部独立性假设　　C. 项目特征曲线假设
　　D. 积差相关　　　　　E. 单维性假设

20. 试题的编排方式主要有( )。
　　A. 并列直进式　　　　B. 由难到易　　　　　C. 混合螺旋式
　　D. 专列式　　　　　　E. 由易到难

21. 选择测验必须注意所选测验应( )。
　　A. 符合测量目的　　　　　　　B. 表面效度高
　　C. 符合心理测量学的要求　　　D. 考察测验的实际因素
　　E. 题目少

22. 测量信息主要用于作判断和决策,而进行这项工作必须具备一定的参照物或标准。在心理评估中,常用的参照物有( )。
　　A. 常模参照标准　　　B. 发展顺序标准　　　C. Z 分数标准
　　D. 标准参照标准　　　E. 绝对零点

23. 测验中让被试有充分的时间答题,同时注明每题的答题时间,可以减少( )定势的影响。
　　A. 求"快"　　　　　　B. 求"精确"　　　　　C. 猜测
　　D. 喜好正面叙述　　　E. 极端性

四、问答题

1. 心理测验有哪些要素?
2. 常用的常模类型有哪些?
3. 常模团体抽取的方法有哪些?
4. 经典测验理论中有哪些信度估计的方法?分别反映哪些误差和采用哪些统计方法?
5. 影响信度的因素有哪些?
6. 测验结构效度的验证方法有哪些?
7. 试述影响效度的因素。
8. 项目反应理论的基本假设有哪些?
9. 三参数逻辑斯蒂模型公式中参数 a、参数 b 和参数 c 的具体含义分别是什么?
10. 心理测验的编制程序包括哪些?

参考答案

一、名词解释

1. 心理测量：是依据一定的心理学理论，并采用一定的操作程序，对人的行为做出的某种数量化确定。

2. 量表：要对某个事物进行测量，必须有一个定有单位和参照点的连续体，将要测量的事物放在这个连续体的适当位置上，看它距离参照点的远近把事物的属性描述出来，这个连续体就叫量表。

3. 常模：是指标准化样组在某一测验上的平均水平，可以用它来表示个体分数在团体中相对位置的高低。

4. 信度：信度是指测量工具的稳定性或可靠性，从理论上就是看一次测量中测到的真分数的程度有多大，即为在一组测量分数中真分数方差 S_T^2 占测验分数方差 S_X^2 的比值，$r_{XX} = \dfrac{S_T^2}{S_X^2}$。真分数和误差分数的变异数是不能直接测量的，因此信度是一个理论上构想的概念，在实际应用时，通常以同一样本所得的两组资料的相关，作为测量一致性的指标。

5. 系统误差：是由一些恒定的、有规律性的因素所引起的误差，如评分者的偏见、测验的手续不当等因素，它们所引起的变化是有规律可寻的。

6. 内容效度：是指一个测验对预测内容的覆盖程度，目的主要是探讨测验题目取样的恰当性问题。

7. 区分效度：使用相同方法测量不同特质所得到的相关，目的是提供测验的结构效度证据。

8. 难度：是指项目的难易程度，是反映最高行为测验难度水平的一个指标，对典型行为测验而言无所谓难度，类似的指标是"通俗性"，即取自相同总体的样本中，能在答案方向上回答该题的人数，其计算方法与难度相同。

9. 区分度：是用于分析项目对所测心理特质的区分程度或鉴别能力，即区分项目优劣的指标，亦即衡量项目有效性的指标，又称项目鉴别力。

10. 单维性假设：假设完全潜在空间是单维的，即只有一种潜在特质决定了被试对项目的反应，也就是说组成某个测验的所有项目都是测量的同一个心理潜在特质。

11. 项目特征曲线：是以反映被试的潜在特质水平（通常用 θ 表示）作为横轴，以被试在某个项目上正确作答的概率[通常用 $P(\theta)$ 表示]为纵轴的一条回归曲线。

二、单项选择题

1. B　　2. E　　3. C　　4. B　　5. A　　6. A　　7. B　　8. E　　9. C　　10. A
11. D　　12. B　　13. B　　14. C　　15. A　　16. D　　17. B　　18. E　　19. A　　20. C
21. E　　22. A　　23. B　　24. D　　25. B　　26. C　　27. E　　28. A　　29. B　　30. C

三、多项选择题

1. BD	2. AB	3. BE	4. BD	5. ACD	6. ABCD
7. ACE	8. BCD	9. ABCDE	10. BC	11. BC	12. AD
13. CD	14. ACD	15. BD	16. ABCD	17. ABCE	18. ABCD
19. ABC	20. AC	21. ACD	22. AD	23. AB	

四、问答题

1. 心理测验有哪些要素?

答:心理测验包括行为样本、标准化、客观性3个要素。行为样本是反映个体行为特征的一组代表性的行为。标准化是指测验编制与实施等所遵循的一套标准程序,其目的是确保测量结果的准确性和客观性。客观性是衡量科学性的一个重要标准,是决定一个心理测验能否存在的必要条件,行为样本的代表性和测验程序的标准化都是为了确保心理测验的客观性。

2. 常用的常模类型有哪些?

答:常用的常模类型有发展常模、百分位常模和标准分数常模三类。

(1)发展常模:是指儿童的身心特质按照正常途径发展所处的发展水平。包括发展顺序常模、年龄常模和年级常模。

(2)百分位常模:包括百分等级常模和百分位数常模。百分等级常模是指一群分数中低于某分数所占的百分比,百分位数常模则是指某一百分等级所对应的原始分数。

(3)标准分数常模:采用标准分数来比较同一个人在不同测验中的分数优劣,还可以用来比较不同的人在不同的测验中的分数高低。

3. 常模团体抽取的方法有哪些?

答:常模团体抽取的方法主要包括简单随机抽样、系统抽样、分层抽样和整群抽样四类。

4. 经典测验理论中有哪些信度估计的方法?分别反映哪些误差和采用哪些统计方法?

经典测验理论中的常见信度估计方法及特点请见下表。

信度类型	测验次数	版本次数	误差来源	统计方法
重测信度	2	1	时间间隔	Pearson 相关
复本信度 (连续施测)	1	2	项目取样	Pearson 相关
复本信度 (时间间隔)	2	2	时间间隔、项目取样	Pearson 相关
分半信度	1	1	项目取样	Pearson 相关 Spearman-Brown 校正
内部一致性信度	1	1	项目取样,测验异质	0、1 记分:K-R 法 多级记分:α 系数
评分者信度	1	1	评分者	Pearson 相关 Spearman 相关 Kendall 和谐系数 组内相关

5. 影响信度的因素有哪些？

（1）测验长度：测验越长，信度越高。

（2）样本特征：样本越异质，分数的分布范围越分散，其信度系数也越高；反之样本越同质，分数的分布范围越集中，相关系数就越小，信度系数也越低。

（3）测验难度：只有难度适中，使测验分数分布范围最大时，测验的信度才可能最高。

6. 测验结构效度的验证方法有哪些？

答：结构效度是指一种测验分数能够根据某种心理学结构来解释的程度。检验结构效度资料的方法如下：

（1）测验内方法：是以研究测验的内部构造来证明测验的结构效度的方法，具体可采用分析测验的内容效度、内部一致性和被试的解题过程或反应特点等方法。

（2）测验间方法：是同时分析几个测验之间的关系来考察几个测验是否测量了同一结构。具体可运用会聚效度、区分效度和因素分析等方法。

（3）结构效度还可以用效标效度法、实验法或观察法来证实。

7. 试述影响效度的因素。

答：测验的组成、实施、被试的状态、效标的性质和样本的特征均影响测验的效度。

8. 项目反应理论的基本假设有哪些？

答：潜在特质空间假设、局部独立性假设和项目特征曲线假设。

9. 三参数逻辑斯蒂模型公式中参数 a、参数 b 和参数 c 的具体含义分别是什么？

答：在三参数逻辑斯蒂模型公式中，参数 a 作为项目的区分度，是项目特征曲线拐点处的斜率的函数值，若记过拐点的切线夹角为 A，则 $a = \sqrt{2\pi} \cdot tgA$。参数 a 表示曲线的陡峭程度，曲线越陡，答对概率 $P(\theta)$ 对特质水平的变化就越敏感，即项目区分被试者水平的能力越强。

参数 b 作为项目难度，是项目特征曲线拐点在横坐标上的投影。参数 b 值确定，项目特征曲线在横轴上的位置也就确定了。题目越难，b 值越大，所需能力越高，项目特征曲线越偏右。相反题目越容易，b 值越小，项目特征曲线越偏左。

参数 c 作为项目的伪猜测度，是项目特征曲线的下渐近线，代表着凭猜测答对该题的概率。c 值越大，说明不论被试能力高低，都越容易猜对该项目。

10. 心理测验的编制程序包括哪些？

答：编制心理测验一般要经过确定测验目的，编制试题与预测，测验质量的评估，建立测验常模；编写测验手册等步骤。

（1）确定测验目的：包括明确测验对象、用途以及目标。

（2）编制试题：包括试题编写、编排、预测、修改等内容。

（3）测验编排与预测

（4）标准化：包括试题编制标准化，测验实施标准化，测验的信、效度以及建立常模等。

（5）编写测验手册：包括测验目的与功用，选材依据，测验的基本特征，实施方法，标准答案和评分以及常模资料等。

（闫春平　刘铁川）

第三章 临床访谈

学习目标

1. **掌握** 临床访谈的概念;临床访谈的分类;临床访谈的基本技巧。
2. **熟悉** 临床访谈的基本过程。
3. **了解** 临床访谈在成年人精神障碍诊断中的应用;临床访谈在儿童青少年精神障碍诊断中的应用。

重点和难点内容

一、临床访谈概述

(一)临床访谈概念

临床访谈(clinical interview)也称为临床晤谈或临床会谈等,是访谈者与来访者之间有目的地进行信息沟通的手段之一,是临床心理学家与来访者沟通的一个重要过程,也是收集信息、诊断评估和治疗干预的重要方法,是临床心理学工作必须掌握的基本功。

(二)临床访谈的类别

根据访谈目的,有收集资料性访谈、心理诊断性访谈和心理治疗性访谈。根据访谈形式可分为非结构式访谈、结构式访谈和半结构式访谈。

二、临床访谈的基本过程

临床访谈一般包括初期阶段、中期阶段、总结阶段。

1. **访谈初期阶段** 来访者内心有不确定和不舒适感,感到不舒适主要是不熟悉访谈环境,以及对访谈者的不确定感。因此,在访谈初期,必须给来访者解释心理访谈的特点和如何建立咨询目标等,减轻来访者不舒适感,使其能够对不适感进行自我控制。
2. **中期阶段** 主要是收集资料。
3. **访谈的总结阶段** 包括访谈者是否对来访者产生影响以及来访者对访谈是否满意的总结。

三、临床访谈的基本技巧

（一）建立良好的信任与合作关系

1. 尊重 又称为接纳或无条件积极关注。尊重体现在以下方面：首先，尊重意味着完整地接纳一个人；其次，尊重意味着彼此平等；第三，尊重意味着以礼待人；第四，尊重意味着信任对方；第五，尊重意味着保护隐私。

2. 温暖 温暖是对来访者充满爱心、关切，从来访者进门就让来访者感到自己受到了友好的相待。温暖体现在访谈时热情、友好的态度和耐心、认真、不厌其烦。

3. 真诚 真诚是指在访谈过程中，访谈者与来访者的互动过程中是自然和诚实的，以"真正的我"出现，想法、情感与行为相符，不带假面具，不是在扮演角色，或完成例行公事。真诚要求"不虚伪"，真诚让来访者知道自己可以坦白表露自己的软弱、失败、过错、隐私等而无需顾忌，让来访者切实感到自己被接纳被信任被爱护，坦然地表露自己的问题；另一方面，遇到不同意来访者言行的情况，也会表明自己的意见，对来访者的不足、缺点反馈，但以不伤害为原则。

4. 通情 "通情"也叫"共情"（empathy），是理和情的协同运作过程。一方面访谈者能够设身处地地进入来访者的内心世界，感受到来访者的情绪体验；另一方面又能够用理性去考虑和回答来访者的问题。访谈者必须运用其智力和情绪构成来推断来访者的情绪、体验和想法，所以通情过程包含情感和智力两种成分。

（二）参与技术

参与可以区分为身体参与和心理参与。身体参与是指访谈者的姿态传递出对来访者的关切以及愿意聆听；其表现有身体稍微倾向来访者及放松而注意的身体姿势、良好的目光接触、符合来访者情绪的面部表情以及适度的反应，这些表现都传达了对来访者的兴趣与关注。心理参与并非仅仅是用耳朵听，更重要的是要用心去听，去设身处地感受。访谈者要善于体会来访者对问题的看法，把握来访者的思维模式，从来访者的角度看问题，先去理解它，再顺着他的思路，主动引导，澄清问题。在这个过程中，不但要听懂来访者通过言语、行为所表达出来的东西，还要听出来访者在交谈中所省略的和没有表达出来的内容。言语沟通是心理参与技巧的重心，主要包括：①开放式提问；②封闭式提问；③鼓励；④重述；⑤概述；⑥情感反映。

（三）影响技巧

影响技巧常用于引导来访者，使得来访者产生具体的改变，即改变他们思考、感受或行动的方式。通常包括以下方面：①暗示；②建议；③影响性概述；④自我暴露；⑤敦促；⑥解释技术。

四、临床访谈的应用

1. 临床访谈在成年人精神障碍诊断中的应用 情感障碍和精神分裂症访谈问卷（SADS）；情感障碍和精神分裂症访谈问卷（DIS）；DSM 结构式临床访谈问卷（SCID）。

2. 临床访谈在儿童青少年精神障碍诊断中的应用 儿童青少年诊断性访谈问卷（DICA）；学龄期儿童情感障碍与精神分裂症访谈问卷（K-SADS）。

习　题

一、名词解释

1. 临床访谈
2. 重述
3. 情感反映
4. 通情
5. 非结构式访谈
6. DSM-5结构式临床访谈问卷
7. 自我暴露

二、单项选择题

1. 下列临床访谈分类中,哪一个分类属于根据访谈目的来分的(　　　)。
   A. 随机访谈　　　　　　B. 结构式访谈　　　　　　C. 半结构式访谈
   D. 非结构式访谈　　　　E. 心理治疗性访谈

2. 在心理诊断性访谈中,若问到"你对自己目前的状况是如何看的?",则问的是(　　　)。
   A. 感知觉方面　　　　　B. 情绪方面　　　　　　　C. 思维方面
   D. 自知力方面　　　　　E. 幻觉方面

3. 下列临床访谈分类中,哪一个分类属于根据访谈形式来分的(　　　)。
   A. 收集资料性访谈　　　B. 心理治疗性访谈　　　　C. 心理诊断性访谈
   D. 随机访谈　　　　　　E. 结构式访谈

4. 对初诊接待的理解**不正确**的是(　　　)。
   A. 心理咨询有其局限性　B. 应禁止使用专业术语　　C. 尽可能地避免使用方言
   D. 积极地练习以避免紧张　E. 应该是专业的心理咨询师

5. 对求助者的尊重,并**不包含**(　　　)。
   A. 对求助者一视同仁　　　　　　　　　　B. 信任求助者
   C. 不得讨论与咨询密切相关的隐私　　　　D. 接纳求助者错误的价值观
   E. 以礼待人

6. 关于表达真诚,下列说法**错误**的是(　　　)。
   A. 真诚就是说实话　　　B. 真诚不是自我发泄　　　C. 真诚应当实事求是
   D. 表达真诚应当适度　　E. 以"真正的我"出现

7. 封闭式提问一般**不包括**(　　　)。
   A. 有没有　　　　　　　B. 是不是　　　　　　　　C. 对不对
   D. 为什么　　　　　　　E. 要不要

8. 在结束咨询关系的过程中,最重要的任务是(　　　)。
   A. 确定咨询结束的时间　　　　　　　　　B. 全面的回顾和总结
   C. 帮助求助者运用所学的方法和经验　　　D. 让求助者接受离别

E. 细节安排

9. 自我暴露的主要形式是( )。
 A. 开诚布公地袒露自己
 B. 自觉、主动地公开个人生活
 C. 自我剖析、自我批判
 D. 暴露与求助者所谈内容相关的个人经验
 E. 向来访者抱怨自己的生活

10. 心理咨询的时间安排,一般是每次( )。
 A. 30分钟 B. 40分钟 C. 60分钟
 D. 70分钟 E. 120分钟

11. 依据 Shea(1988)的观点可将临床访谈划分为( )阶段。
 A. 3个 B. 4个 C. 5个
 D. 6个 E. 7个

12. 在访谈开始阶段的任务中,**不包括**( )。
 A. 角色引导 B. 访谈者的开场白
 C. 来访者对于开放式问题的反应 D. 访谈者对来访者表述能力的评估
 E. 建立关系

13. 咨询师运用某一种理论来描述出来访者的思想、情感和行为的原因、过程、实质,用自己的话将其表达出来,在咨询活动中称为( )。
 A. 概括 B. 总结 C. 归纳
 D. 释义 E. 共情

14. 下列问卷中,既编制了开放-封闭式问题,又设置了"跳跃式结构"的是( )。
 A. SCID B. SADS C. DIS
 D. DICA E. DSM

15. 在介绍阶段,**不能**作为见面时的一种基本仪式的是( )。
 A. 打招呼,适当的称呼和握手 B. 热情的拥抱
 C. 询问来访者是否需要茶水或饮料 D. 按照会话程序开始会谈
 E. 询问室内温度是否合适

三、多项选择题

1. 建立良好的信任与合作关系的要素包括( )。
 A. 尊重 B. 温暖 C. 真诚
 D. 通情 E. 信任

2. 鼓励技术中常用的是( )。
 A. 嗯 B. 讲下去 C. 别停下
 D. 还有吗 E. 比如呢

3. 情感反映技术的实施办法是( )。
 A. 将求助者的情绪反应反馈给求助者 B. 可以与内容反映同时进行
 C. 必须与内容反映同时进行 D. 对求助者的情绪反应加以点评
 E. 咨询师将自己的情绪表露给求助者

4. Helzer 认为,标准化的诊断性访谈方法需要确定以下几个方面(　　　)。

    A. 获得来访者资料的基本方式

    B. 访谈的形式

    C. 问题的排列顺序

    D. 提问的措辞

    E. 在对来访者的反应记分之前,还需要提出哪些附加问题以获得更多信息

5. 在进行心理诊断性访谈时,可以从(　　　)入手,对来访者的情况进行全面的了解。

    A. 感知觉方面   B. 思维方面

    C. 意识、注意、记忆和智力方面   D. 情绪方面

    E. 自知力方面

6. 言语沟通的技术包括(　　　)。

    A. 开放式提问   B. 封闭式提问

    C. 稍加鼓励   D. 重述

    E. 总结及情感反映

7. 关于倾听技术,正确的做法是(　　　)。

    A. 认真,带着兴趣来听   B. 不作价值评判

    C. 不仅要用耳朵,更要用"心"听   D. 不作任何反应,以免干扰求助者

    E. 要时刻盯着来访者,以表达关切

8. 缺乏共情容易造成的咨询后果是(　　　)。

    A. 求助者感到失望无助   B. 求助者停止自我探索

    C. 可以促进求助者的自我表达   D. 可以使咨询师加强主动探索

    E. 咨询关系难以继续

四、问答题

1. 什么是影响技巧? 具体有哪些方法?

2. 如何与来访者建立良好的关系?

3. 请简述临床访谈的基本过程。

参 考 答 案

一、名词解释

1. 临床访谈:临床访谈(clinical interview)也称为临床晤谈或临床会谈等,是访谈者与来访者之间有目的地进行信息沟通的手段之一,是临床心理学家与来访者沟通的一个重要过程,也是收集信息、诊断评估和治疗干预的重要方法,是临床心理学工作必须掌握的基本功。

2. 重述:属于内容反映技术。指访谈者重复来访者刚才交谈重要和突出的方面,完整而扼要地叙述来访者已谈过的事实、感受和原因。访谈者把来访者的主要言谈、思想,加以综合整理后,再反馈给来访者,即"言语重新组织或复述的行为或过程"。

3. 情感反映：情感反映则着重于求助者的情绪反应。情绪往往是思想的外露，经由对求助者情绪的了解可进而推断出求助者的思想、态度等。情感反映就是对来访者的感受或信息中的情感内容重新解释。

4. 通情：也叫"共情"（empathy），是理和情的协同运作过程。通情意味着访谈者能够体验来访者的精神世界，就如同那是访谈者自身的精神世界一样的一种能力。一方面，访谈者能够设身处地地进入来访者的内心世界，感受到来访者的情绪体验；另一方面，又能够用理性去考虑和回答来访者的问题。

5. 非结构式访谈：非结构式访谈问题不固定，因人而异，不同的评估者提问重点不同，有人关注现在的症状，有人关注与症状有关的因素，有人关注患者的感受，非结构访谈具有方便、灵活、深入、个体化的特点，但其缺点在于不同的评估者使用的评定内容和获得的结果不一致，缺乏可比性。

6. DSM-5 结构式临床访谈问卷：DSM 结构式临床访谈问卷是一个与《美国精神疾病诊断和统计手册》（DSM）配套的，在成人中广泛使用的结构式临床访谈工具，是目前诊断精神障碍的金标准。目前已有第 5 版（SCID-5）。SCID 在住院病人、门诊病人和正常人中使用时，其访谈内容稍有不同。SCID 具有良好的信效度。

7. 自我暴露：包括访谈者自身的情感表达和个人信息提供，访谈者适当利用个人情感和信息的透露来帮助建立与访谈者之间的协调、信任关系，使来访者更愿意分享个人体验和情感，透露更多的信息。不过，自我暴露不能过度，否则可能损害访谈者的权威形象，且可能会导致访谈者与来访者的角色互换。

二、单项选择题

1. E　　2. D　　3. E　　4. B　　5. C　　6. A　　7. D　　8. C　　9. D　　10. C　　
11. C　　12. A　　13. D　　14. A　　15. B

三、多项选择题

1. ABCD　　2. ABDE　　3. AB　　4. ABCDE　　5. ABCDE　　6. ABCDE　　
7. ABC　　8. ABE

四、问答题

1. 什么是影响技巧？具体有哪些方法？

答：影响技巧常用于引导来访者，使得来访者产生具体的改变，即改变他们思考、感受或行动的方式。通常包括以下方面：

（1）暗示：是访谈者直接或间接地暗示或预测来访者的生活中将发生某种现象，暗示技术可以使得来访者有意识或无意识地去从事某种行为、体验某种情绪或是改变某种思维方式。

（2）建议：就是对来访者作特殊命令或指示，指的是访谈者直接告诉来访者应该做什么或不应该做什么。给出建议的好处在于，某些来访者缺乏足够的判断力或能力进行选择和自我调整，此时需要访谈者提供明确答案指明方向。但其坏处也很明显，即访谈者扮演了一名权威专家角色，是一种以访谈者为中心的技术。

（3）影响性概述：当来访者相当暴露后，访谈者选择重点进行相关总结，此时可采用影响性概述技巧。与概述及重述相似，但它的侧重点更加明显，显示出访谈者具有偏向性的信息选择。

（4）自我暴露：包括情感表达和提供访谈者的个人信息，访谈者适当利用个人情感和信息的透露来帮助建立协调信任关系，使来访者更愿意分享个人体验和情感，透露更多的信息。不过，自我暴露不能过度，否则可能损害访谈者的权威形象，且可能会使得访谈者与来访者的角色互换。

（5）敦促：是指促进来访者尽快采取某一具体行动，适用于某些危机情境中。例如某位自杀倾向的来访者欠缺主观能动性，导致其迟迟不愿寻求帮助和支持，访谈者敦促其尽快将情况告知家人。此外，敦促还可以应用于犹豫不决的来访者，促使其尽快采取有利于其境况改变的行动。

（6）解释技术：也称为解译，即运用某一种理论来描述出来访者的思想、情感和行为的原因、过程、实质等。解释使来访者从一个新的、更全面的角度来重新面对自己、自己的周围环境以及自己的困扰，并借助于新的观念、系统化的思想来加深了解自身的行为、思想和情感，产生领悟，提高认识，促进变化。

2. 如何与来访者建立良好的关系？

答：（1）尊重：又称为接纳或无条件积极关注。尊重来访者，其意义在于可以给来访者创造一个安全、温暖的氛围，这样的氛围使其可以最大程度地表达自己。尊重来访者，可使来访者感到自己受尊重、被接纳，获得一种自我价值感。

（2）温暖：是对来访者充满爱心，关切，让来访者感到自己受到了友好的相待。温暖体现在访谈时热情、友好的态度和耐心、认真、不厌其烦，温暖可以使得来访者和访谈者之间的心理距离更近一些。当访谈者对来访者具有积极或关爱的情感时，可以使得来访者感到足够的安全，进而探索其自我怀疑、不安全感和缺点。

（3）真诚：是指在访谈过程中，访谈者与来访者的互动过程中是自然和诚实的，以"真正的我"出现，想法、情感与行为相符，不戴假面具，不是在扮演角色，或完成例行公事。真诚要求"不虚伪"，真诚地让来访者知道自己可以坦白表露自己的软弱、失败、过错、隐私等而无需顾忌，让来访者切实感到自己被接纳被信任被爱护，坦然地表露自己的问题；而遇到不同意来访者言行的情况，也会表明自己的意见，但以不伤害为原则。

（4）通情：也叫"共情"（empathy），是理和情的协同运作过程。通情意味着访谈者能够体验来访者的精神世界，就如同那是访谈者自身的精神世界一样的一种能力。在这个过程中，一方面，访谈者能够设身处地地进入来访者的内心世界，感受到来访者的情绪体验；另一方面，又能够用理性去考虑和回答来访者的问题"是什么？""怎么样？"和"怎么办？"等等。

3. 请简述临床访谈的基本过程。

答：临床访谈一般包括初期阶段、中期阶段、总结阶段。

（1）访谈初期阶段：来访者不熟悉访谈环境，对访谈者有不确定感，内心存不舒适感。因此，在访谈初期，必须给来访者解释心理访谈的特点和如何建立咨询目标等，减轻来访者不舒适感，使其能够对不适感进行自我控制。经验丰富的访谈者开始并不急于询问来访者寻求帮助的原因，而是告诉来访者有关心理访谈的基本常识，比如访谈的基本过程，以及如何制定和实施一系列的访谈目标。进入实质性访谈阶段之前，也鼓励来访者提问，便于建立协调关系和收集资料。

（2）中期阶段：主要是收集资料。访谈者经常采用开放式和封闭式提问与来访者进行讨论，开始时广泛采用开放式提问，便于更全面地挖掘来访者的特殊问题。访谈者与来访者讨论过程中不宜过早地作出结论，这是一个非常重要的原则，需要长期坚持这一原则。访谈开始后要以来访者为中心，而不是访谈者滔滔不绝地说教。接着访谈者提出不同的问题，来访者回答，访谈者记录。访谈者的倾听技巧强化训练是提高访谈效果的主要措施之一。

（3）访谈的总结阶段：包括访谈者是否对来访者产生影响以及来访者对访谈是否满意的总结。一般来说，每个会谈结束时，访谈者将提供一份总结材料以及下一次会谈的计划。由于访谈的初期评估常常需要采用心理测验、行为观察或其他评估手段，所以访谈评估结束时常常需要对心理测验或其他评估方法的结果作一个总结，用通俗的语言解释给来访者听，使来访者明白这些评估结果的意义。评估结果的意义在于说明问题，并计划下一步干预措施，这些工作始终贯穿于每次访谈评估过程之中。

（蚁金瑶 刘 倩）

第四章　智力理论与评估

学　习　目　标

1. **掌握**　Binet 的智力理论、Spearman 的两因素理论、Thurstone 的群因素理论、斯腾伯格的智力三元理论；斯坦福-比奈智力量表和韦氏智力量表等个别智力测验的结构和内容；长-鞍团体智力测验；团体儿童智力测验的实施；瑞文测验；盖塞尔发展量表；贝利婴幼儿发展量表；AAMD 适应行为评定量表；智力测验结果的分析与解释。

2. **熟悉**　比奈-西蒙智力量表的内容；团体智力测验的内容；智力的认知理论；龚氏非文字智力测验；残疾人的智力测验；丹佛发展筛查量表；Vineland 适应行为评定量表。

3. **了解**　团体智力测验的标准化；智力的认知神经科学理论；雷特国际操作量表；古迪纳夫-哈里斯绘人测验；0~3 岁婴幼儿发育量表；儿童适应行为评定量表。

重点和难点内容

一、智力理论

(一)传统智力理论

1. **Binet 的智力理论**　Binet 主张智力可以从多种任务的完成过程中显示出来，因此可以通过测量个体在这些任务上的反应进而测量智力。比奈编制出的第一套智力测验，主要目的在于为巴黎的学校系统鉴别智力落后儿童，所以他选择的测验样本大部分是学校教育中的任务。

2. **Spearman 的两因素理论**　Spearman 在 1904 年创立因素分析方法，因素分析技术迅速与测验式测量技术相结合，并成为智力研究的基本方法。Spearman 提出智力由一个基本因素(g)和多个特殊因素($s_1, s_2, \cdots s_n$)构成，并且用未旋转的因素分析方法证明 g 因素的存在。Spearman 认为 g 因素是总智力或心理活动的指征，在认知活动中与其有关的是归纳推理(确定两个或多个概念之间的关系)和演绎推理(从已存在的一个概念找出与其相关联的第二个概念)。后来的研究证明 g 因素在人类能力中是重要的，但并不意味它是一种单独的成分。

3. **Thurstone 的群因素理论**　Thurstone 采用旋转的统计方法对多个智力测验的初始因子矩阵进行转轴处理，结果得到多个公共因子。与 Spearman 的观点相反，他认为智力是由 7 种相互独立的基本能力所构成,他们是言语理解、知觉速度、一般推理、数字运算、空间关系、语词流畅性和机械记忆。Thurstone 编制了基本能力测验来测量这 7 种因素,但其他研究者和他本人都发现这些测验得分之间均存在低到中等程度的相关。后来 Thurstone 也承认在这 7 种基本因素之外,还存在类似于 g 因素的次级因素。

(二)智力的认知理论

斯腾伯格的智力三元理论 美国心理学家斯腾伯格(Sternberg)在 20 世纪 80 年代中期提出智力的三元理论。他将智力分为 3 个亚结构:一是情景亚结构,其功能是将智力与个体的外部环境相联系,斯腾伯格认为一个人的行为应当放在特定的环境中才能判断是否聪慧;二是成分亚结构,其功能是将智力与个体内部环境相联系,该部分包括了通常智力测验所评估的那些特质,为个体应对外部世界提供了心理基础;三是经验亚结构,它同时应用于内、外部环境,使得个体的智力活动更加富有成效。斯腾伯格还将这 3 个亚结构进一步分为更小的子结构,见图 4-1。

图 4-1 Sternberg 的智力三元结构

二、个别智力测验

(一)比奈智力量表

1. **比奈 - 西蒙智力量表**:比奈智力量表(Binet intelligence scale,BIS)被认为是现代心理测验中第一个智力测验。比奈(A. Binet)及其助手西蒙(T. Simon)于 1905 年编制了"比奈 - 西蒙智力量表",它包括 30 个由易到难排列的题目,主要从智力的表现上对智力进行测量,如记忆、理解、言语等。1908 年和 1911 年,比奈和西蒙对其量表进行了修订,针对 1905 年量表的缺陷,第一次提出标准年龄量表,根据年龄水平来对测验项目进行分组,以相同题目在不同年龄段儿童中的通过率来区分儿童的智力,并引入了智龄的概念,用于衡量被试的智力。1911 年修订版的主要变化是补充了一些题目,并将适用年龄范围扩展到成人。

2. **斯坦福 - 比奈智力量表**:1916 年斯坦福大学心理学教授推孟(L.M. Terman)及其同事对比奈 - 西蒙原有题目进行了修改,并将题目增至 90 道。他们根据实测结果对题目的年龄阶段进行重新划分,编写了详细的实测指导语和评分标准,并针对智力年龄不能对不同年龄段儿童之间智力进行比较的缺陷,引入比率智商(intelligence quotient,IQ)的概念,使得量表具备了标准化测验的特征,这个量表称斯坦福 - 比奈 1916 年智力量表。IQ 分数的提出改变了智力表述结果的单位,但使用 IQ 分数来描述个体的智力也存在一定的问题,智力在某一定年龄之后增长速度变慢,但年龄却稳定增长,此种情况导致使用 IQ 分数表述智力存在先天的缺陷。同时，整个样本组几乎全部由加利福尼亚州当地白人儿童组成，该版本量表标准化样组的代表性仍然存在较大的缺陷。

1960 年及 1972 年，心理学家 Maud Merrill 等组成了 LM 型单一量表，并在 4498 人的新样本中实测以重新确定题目的难度。第 3 版最显著的变化是在量表中采用了离差智商来表示被试的智力水平（平均值为 100，标准差为 16）。离差智商的概念比较圆满解决了比率智商的诸多问题。

1986 年，Thorndike R. L. 等人对斯坦福 - 比奈智力量表进行了一次全面修订，放弃了年龄量表的格式，改而将同类条目归在一起构成分测验。该版本保留了原量表一些分测验形式并增加了一些新测验，形成了全新的斯坦福 - 比奈智力量表第 4 版，将多重智力理论并将其应用于测验的编制。根据多重智力理论，认为存在两种基本智力：流体智力与晶体智力。流体智力被认为是那些能使我们推理、思考以及获得新知识的能力；晶体智力则指我们已经获得的知识和理解能力。第 4 版增加了操作方面的题目，并将测量内容领域相同的题目放到同一个分测验中。

2003 年修订的第 5 版与第 4 版相比较，主要区别体现在 5 个方面：①增加了第五个能区即知识能区；②改变了施测者对被测者反应的回应方式，特别是在那些为了更方便儿童使用的分测验中；③大量增加了非言语材料内容，非言语材料内容在第 5 版测验中占到了 50% 的分量；④增加了测验的内容范围与年龄跨度范围。可以更好地测量智力发育迟滞及智力超常的被试。年龄范围扩大到 2～89 岁；⑤提升了测验的可用性程度。与之前的版本相比，第 5 版能够更方便地使用以及能够提供丰富的分数以及一个简短的分数说明。第 5 版包括 10 个分测验。主要的测量领域包括：一般智力因素、言语智力因素、非言语智力因素以及五个能区，五个能区分别为流体推理能力、知识、数量推理能力、抽象 / 空间推理能力、短时记忆能力。

SB5 主要包括 5 个能区分数，每个能区均包括言语与非言语分测验。因此，SB5 共有 10 个分测验。各个分测验服从平均分为 10、标准差为 3 的分数分布，量表的总分服从平均分为 100，标准差为 15 的分数分布。

（二）韦氏智力量表

韦氏智力量表（Wechsler intelligence scales）是指美国心理学家大卫·韦克斯勒（David Wechsler）编制的适用于学龄前儿童、学龄期儿童和成年人的一系列智力量表的统称。

1. 韦氏成人智力测验（Wechsler adults intelligence scales，WAIS）

（1）发展历程：从 1934 年，韦克斯勒开始致力于智力测验的研究工作。在 1939 年韦克斯勒编制的第一套 Wechsler-Bellevue Ⅰ 型智力量表（简称 W-B Ⅰ）。W-B Ⅰ 是第一个针对成人编制的智力量表，并且测量了与智力相关的多种能力。

由于 W-B Ⅰ 在常模样本的代表性及子测验信度上存在一定的不足，在 1946 年韦克斯勒编制了 Wechsler-Bellevue Ⅱ 型智力量表（简称 W-B Ⅱ）。W-B Ⅰ 与 W-B Ⅱ 测量的被试年龄范围为 10～60 岁。

1955 年至 2008 年，韦氏成人智力量表进行过多次修订，当前最新的版本为韦氏成人智力量表第 4 版（WAIS- Ⅳ）。

（2）新版本特色：当两个或两个以上的分测验与一种基本能力相关时，就产生了指标。韦氏成人智力量表第 3 版（WAIS- Ⅲ）的一个创新点是采用了指标的概念，共提出了 4 大指标，分别是言语理解、知觉组织、工作记忆以及加工速度。韦氏成人智力量表第 4 版则在第

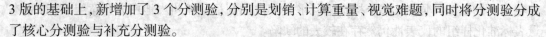

3 版的基础上,新增加了 3 个分测验,分别是划销、计算重量、视觉难题,同时将分测验分成了核心分测验与补充分测验。

2. **韦氏儿童智力量表(Wechsler intelligence scale for children,WISC)**

(1)发展历程:韦氏在 1949 年发表了 WISC,WISC 是 W-B Ⅰ型量表向较低年龄水平的拓展。WISC 量表的特点在于放弃了智龄的概念,采用离差智商代替了比率智商。

在 2003 年,对量表进行了第四次的修订,形成了韦氏儿童智力量表第 4 版(WSIC-Ⅳ)。该版本更新了量表的智力基础,吸收了现代智力测验理论的相关知识。强调从现代认知心理学视角中的工作记忆以及加工速度等概念对智力进行测量。

(2)新版本特色:韦氏儿童智力量表第 4 版(WSIC-Ⅳ)相对于之前的版本,最大的改变在于不再使用言语量表得分与非言语量表得分,而是使用言语理解、知觉推理、工作记忆和加工速度四大分量表的得分以及一个全量表得分来描述被试的智力。其中加工速度分量表考察的是被试处理简单而有规律信息的速度、记录的速度和准确度、注意力、书写能力等。日常的学习生活往往要求个体有处理简单常规信息的能力,也要有处理复杂信息的能力。加工速度比较慢的个体往往需要更长的时间来完成日常作业和任务,也更容易引起大脑的疲劳。

3. **韦氏幼儿智力量表(Wechsler preschool and primary scale of intelligence,WPPSI)**

(1)发展历程:1967 年发表韦氏幼儿智力量表,主要的适用对象为 4~6 岁的儿童。在 1989 年,对 WPPSI 进行了修订,形成了韦氏幼儿智力量表修订版(WPPSI-R)。在 2003 年,对韦氏幼儿智力量表进行了第 3 次修订,形成韦氏幼儿智力量表第 3 版(WPPSI-Ⅲ)。

(2)新版本特色:韦氏幼儿智力量表第 3 版(WPPSI-Ⅲ)与之前相比有了较大的变化。主要使用 5 个指标对智力进行衡量,分别是总体智力(FSIQ)、言语智力(VIQ)、操作智力(PIQ)、加工速度系数(PSQ)以及通用语言能力(GLC)。同时,该版本还增加了 7 个新的分测验,并扩大了被试的年龄范围,可测量 2.5~7.3 岁的被试。

4. **韦氏智力量表的特色**

(1)分量表及合成分数的提出:韦氏智力量表与比奈量表的主要不同在于对非言语性测验题目的侧重,以及从多角度对智力进行评估。韦克斯勒从 1939 年编制第一套智力测验开始,就认为智力包含多种不同能力,反对比奈智力测验使用单一的测验分数来反映智力。韦克斯勒智力量表经历了两次发展:①韦氏智力测验将操作测验与言语测验并重,包含了测量非言语智力的量表:操作量表。对个体的言语与非言语能力之间进行对比提供了可能性;②韦氏智力量表在测验结构上有所变化,提出用多个合成分数来反映一般智力,替代了原来的操作-言语二分法,使得测量与智力相关领域的分区更为细化。克斯勒的这一做法,创建了后来智力测验的主要模式,即由不同的分量表分数对智力进行多元和全面测量,并且采用合成分数对智力进行综合评估。

(2)离差智商的应用:智商概念被用于智力测验中作为描述被试智力水平的指标,始于1916 年发表的"斯坦福-比奈量表"采用的是比率智商。但比率智商描述的是智力的发展速率,因而在使用中有局限。韦克斯勒在他的智力量表中,采用了离差智商,即采用与同龄被试组的平均数相比较的标准分数作为基本分数来描述智力水平。这一智商的概念描述的是被试在实际人群中的相对水平处于什么位置,因而在更多智力测验中被广泛应用。目前主要的智力测验,都采用离差智商作为描述智力水平的指标。

5. 韦氏智力量表的结构、内容及实施

韦氏智力量表的言语和操作分量表各自含有 5～7 个分测验,每个分测验均测量了智力的不同侧面,韦克斯勒用平均值为 10,标准差为 3 的标准分(Z 分)表示各分测验操作水平。由分测验进一步算出全量表智商(FIQ)、言语智商(VIQ)和操作智商(PIQ)来表示被试的智力发展水平,这些智商的平均值均为 100,标准差为 15。韦氏智力量表分测验的内容如下:

(1)言语分测验:包括知识测验、背数、词汇测验、算术测验、领悟测验、相似性、字母数字测验及语句测验。

(2)操作分测验:包括填图、图片排列、积木图案、拼物测验、数字符号(或编码)测验、符号搜寻测验、模型推理测验、迷津测验、动物房子测验和几何图形。

(3)中国修订韦氏智力量表新加的几个分测验:包括图片词汇测验、图片概括测验、分类测验和视觉分析测验。

6. 韦氏智力量表在临床诊断中的价值

韦氏智力量表在临床诊断中具有重要价值,可以数量化描述个体智力发展水平并预测教育成就,是目前评估个体智力发展水平和诊断精神发育迟滞的最快速、有效的工具。该量表对智力研究的贡献大,能被专业和非专业人员所接受。其中,智商范围及智力等级如下:

≥130→超常;

120～129→优秀;

110～119→高于平常(聪明);

90～109→平常;

80～89→低于平常(愚钝);

70～79→临界状态;

<70→智力缺陷。

三、团体智力测验

(一)长-鞍团体智力测验

长-鞍团体智力测验(Changsha-Anshan intelligence test in group,CAITG)是由龚耀先和赵声咏于 1991 年开始编制、1997 年完成的一套用于评价精神正常的 12、13 岁儿童至成人的智力水平的团体测验,适用于有 6 年以上教育程度的汉族或略懂汉文和听得懂一些汉语的其他民族的被试。

1. 内容与实施 该测验包括 6 个分测验,有文字和非文字的,分别测量不同的智力功能。其中,分类测验包含词语分类(25 题)和图案分类(24 题)形式,而接龙测验包含数字接龙(25 题)和图案接龙(18 题)两种形式,故 6 个分测验共包含 8 个分量表,将 8 个分量表得分相加即为总量表分。

2. 测验的标准化

(1)常模:12 至 18 岁的中学生 1223 名,男女比例为 1:0.89,按受教育年限,从初一到高三。实施甲、乙式的人数基本相等。

(2)计分方法:长-鞍团体智力测验采用年级量表分,分测验原始分转换量表分时平均值取 10,标准差为 3;量表分转换成智商和各因子成分分时平均值为 100,标准差为 15。

（3）信度研究：各分测验的分半信度从 0.51（补缺测验）~ 0.86（数字接龙）；160 名学生间隔 2 周的重测信度从 0.16（补缺测验）~ 0.68（知识测验），其中补缺测验和文字分类的重测信度未达显著水平，总量表分和总智商的重测信度均为 0.60。信度研究结果显示该测验的重测信度偏低。

（4）效度研究：长沙常模的学生测验成绩与 C-WISC 全量表智商的相关为 0.50，与学习成绩的相关为 0.39。有 22 名学生在做 C-WISC 一年半后再实施本团体智力量表，两智力测验的智商相关系数为 0.50，呈中等相关。此外，因子分析结果显示该测验与设计构想相吻合。

（二）团体儿童智力测验

团体儿童智力测验（the group intelligence test for children, GITC）是金瑜于 1996 年编制的一套适用于 9 ~ 18 岁儿童青少年的团体智力测验，其结构和编制方法均参照韦氏儿童智力量表。

1. **内容与实施** 团体儿童智力测验共包含 292 个题目，分为言语和操作两个分量表，每个分量表又分别包括 5 个分测验。该团体测验采用纸笔测验的方式，所有的题目均为多项选择题，从 5 个选项中选出最恰当的答案。

2. **测验的标准化**

（1）常模：在全国 6 大地区的 20 个城市采样 3916 人，从 9 ~ 18 岁共分为 10 个年龄组，每组 362 人（18 岁）~ 412 人（13 岁），男女比例大致相等。

（2）计分方法：每题正确记 1 分，错误记 0 分，各分测验做对的题目数即为该测验的原始分。原始分转换成量表分和量表分转换成智商的方法与韦氏智力量表相同，分测验原始分转换为标准分公式中平均值为 10，标准差为 3；量表分转换为智商公式中平均值为 100，标准差为 15。

（3）信度研究：各分测验的分半信度从 0.61（排列）~ 0.96（译码），言语 IQ、非言语 IQ 和全量表 IQ 的分半信度为 0.97、0.95 和 0.98。对 44 名 11 岁儿童间隔 2 周进行重测，相关系数为言语 IQ 0.87、非言语 IQ 0.92、全量表 IQ 0.90。

（4）效度研究：对 100 名 12 岁儿童先后实施儿童团体智力测验和 WISC-CR（时间间隔12 周），言语智商的相关系数为 0.62，儿童团体智力测验非言语智商和 WISC-CR 的操作智商相关系数为 0.46，全量表智商相关系数为 0.60。智力测验成绩与班主任教师的评价的相关系数在 0.56（非言语智商）~ 0.64（全量表智商）之间。因素分析结果表明，所有分测验均负荷较高的 g 因子，在两因子模型中，所有言语分测验均负荷较高的第一公共因子，除变异测验外的 4 个非言语分测验均负荷较高的第二公共因子，而变异测验却负荷较高的第一公共因子。

四、其他种类的智力测验

（一）文化公平智力测验

1. **瑞文测验** 该测验是由英国心理学家 J. C. Raven 基于 C. E. Spearman 关于智力的两因素理论于 1938 年编制，主要目的是测量一般智力（g 因素），并在 20 世纪 40 年代和 50 年代进行了修订。

瑞文测验包括 3 套难度不同的测验，适用于不同的测试对象。最先编出的一套称标准型，由 A、B、C、D 和 E 五个单元组成，每个单元有 12 个项目，共计 60 个项目。适用于 6 岁以上直至成人。1947 年作者又编制了一套彩色型和一套高级型,彩色型是将标准型的 A、B 两个单元着色,并增加一个彩色的 A_B 单元,共 36 个项目,适用于 5～7 岁的儿童和智力发育迟滞的成人;高级型 12 项练习题和 II 式 36 项正式题,内容难度加大,适用于智力水平较高者。

20 世纪 80 年代瑞文测验被引进我国,张厚粲、李丹、钱明、王栋等人分别建立了中国常模。瑞文测验采用百分位来表示测验的成绩,由原始分(粗分)通过分年龄组的转换表直接查出被试测验成绩所对应的百分位。李丹等修订的瑞文测验联合型手册中除了附有原始分对应百分位转换表外,还附有百分位对应 Z 分和离差智商转换表(平均值 =100,标准差 =15)。

2. **龚氏非文字智力测验** 1995 年龚耀先等人编制了一套非文字智力测验,包括编码、认数辨色、分类、填图、接龙和填数 6 个分测验。该量表最显著的特点是拥有少数民族的全国常模,他们来自蒙古、回、土家、苗和白族 5 个少数民族,共 1796 人。年龄从 3～70 岁共 16 个年龄段,男女比例大致相等。汉族常模样本为 1591 人,来自七大行政区的 8 个省。年龄从 3～16 岁,男女比例接近。分测验原始分转换成量表分时平均值取 10,标准差为 3;量表分转换成智商时平均值为 100,标准差为 15。

3. **雷特国际操作量表** 由 R. G. Leiter 编制,初版于 1927 年,最后修订于 1948 年。该量表适用于 2～18 岁的所有儿童,包括聋儿、脑损伤者和母语非英语者。其内容包括颜色、明暗、形状及图画的匹配、积木图案、图像指缺、数目估计、类比、图序完成、年龄差异的辨认、空间关系、足印辨认、类同、图序记忆、动物归类等。它的突出特点是不使用语言或手势等指导语,每个测验都是从相当简单的问题开始。

4. **古迪纳夫 - 哈里斯绘人测验** 最初是由美国明尼苏达大学的 F. L. Goodenough 编制,发表于 1926 年。1963 年,美国人 D. B. Harris 在做了大量研究的基础上发表了这个测验的修订本,被称为古 - 哈绘人测验。1995 年,浙江大学傅根跃教授对该测验重新标准化,制定杭州城市常模,形成了 14 大类 75 项评分项目。该测验的适用年龄一般认为是 5～12 岁,尤其适合于那些对更传统的智力测验因紧张、害怕而有抵触的儿童,也可用于听觉障碍儿童、智力发展落后儿童、言语障碍或由于各种原因而不愿开口说话的儿童。

(二)残疾人的智力测验

1. **希 - 内学习能力测验** 希 - 内学习能力测验是 M. S. Hiskey 为 3～17 岁听力有障碍的儿童编制的一个智力测验,由穿珠测验、颜色记忆、辨认图画、看图联想、折纸测验、视觉注意广度、木块模型、完成图画、数字记忆、迷方测验、图画类同和空间推理 12 个分测验组成。美国常模包括 1079 名聋人和 1074 名正常人,正常人样本根据 1960 年美国人口资料分层采样,聋人样本主要来自聋哑人学校,其代表性不详。1996 年,曲成毅等进行了修订并建立了一个中国聋人的常模。中国常模为 1758 人,基本为城市人口,区域分布和儿童父亲的职业分布符合 1990 年全国人口资料的比例。美国版本采用离差智商来表示被试的学习能力水平(平均值为 100,标准差为 16);中国版本除采用离差智商(平均值、标准差同美国常模)外,还采用了比率智商的方法来表示。

2. **聋人智力量表** 孟宪章等人于 1995 年在龚氏非文字智力测验的基础上发展出一套专门用于评价聋人智力水平的测验,由分类、填图、填数、编码、接龙、木块图和面孔记忆 7 个分测验。区域性常模的样本来自湖南省和内蒙古自治区 3 个城市的 5 所聋哑人学校,年龄 8～18 岁,共 418 名被试。按手册的评分标准获得原始分,然后通过查相应年龄组换算表转换成分测验量表分(平均值为 10,标准差为 3)。量表分转换为智商时,平均值为 100,标准差为 15。

五、发展量表

1. **盖塞尔发展量表** 盖塞尔通过研究发现,随着婴幼儿年龄的增长,其大运动、精细动作、适应能力、语言和社交行为这五个方面都具有不等速发展的特征,每一阶段代表一个成熟水平,婴幼儿在先后抵达 4 周、16 周、28 周、40 周、52 周、18 个月、24 个月、36 个月阶段时,在行为上显示出特殊的飞跃进展。这些新的行为反映出这些小儿在生长发育上已达到了阶段的和有代表性的成熟程度,盖塞尔称这些年龄阶段为"关键年龄"以此作为常模的年龄界定,便有可能比较婴儿或儿童的发展速度,并于 1925 提出行为是发育的结构性单位,将年龄看作是行为变化的原始机制,而且年龄是成熟理论中人类发育成熟度的一个核心变量,把这些年龄阶段新出现的行为作为检查项目和诊断标准,设计出著名的行为发育测量方法《Gesell 发育诊断量表》(Gesell development diagnosis scale , GDDS)。

1974 年版本将儿童行为分成 5 个领域:粗大运动、精细动作、适应、语言和个人 - 社会,适用于 4 周到 60 个月的儿童。2008—2010 年的修订版将年龄延伸至 9 岁,2012 年又延伸至 16 岁。

1981 年,林传家教授引进美国修订的 Gesell 量表(1974 年版),对 0 ~ 3 岁部分量表进行了修订,删掉了其中不适合我国育儿方式及国情的项目,增加了一些适合我国小儿实际情况的项目,建立了北京地区常模(1985 年)。1990—1992 年张秀玲等又对 Gesell 量表的 3 岁半至 6 岁部分进行了修订,制定了 3 岁半至 6 岁的北京地区常模,并与 0 ~ 3 岁部分衔接成一体,使之成为了完整的 0 ~ 6 岁儿童智力发育诊断量表。这是我国目前应用的 Gesell 量表版本。

2. **贝利婴幼儿发育量表** 贝利婴幼儿发育量表(Bayley scales of infant development , BSID)是由美国加州伯克利婴儿发育研究所的儿童心理学家 N. Bayley 所编制(最早版本形成于 1933 年,发表于 1969 年;第 2 版发表于 1993 年)。贝利婴幼儿发育量表综合了 Gesell 和 Bayley 的研究传统,经过数千名美国儿童的标准化测验,具有完整的信度和效度的检验资料,BSID 在测验编制方法上优于 Gesell 量表,A. Anastasi(1997)认为它是一个十分出色的、用于最小年龄水平的测验。1993 年发表了 BSID 第 2 版(BSID- Ⅱ),其适用的年龄范围扩大到 3 岁半的婴幼儿。2006 年发表了第 3 版(BSID- Ⅲ),更换和新增了 BSID- Ⅱ的部分条目,形成了更加全面的评估体系,可用于评估 3 岁半以下幼儿的认知、语言、运动、社会 - 情感和适应性行为等。

该量表评定年龄从 1 ~ 30 个月之间婴幼儿认知、语言、身体动作、社会性情绪、适应行为的发展状况,它包括智力量表、运动量表和行为记录三个分量表。智力量表(mental scale)测量感知敏锐性、记忆、学习、问题解决、发音、初步的言语交流、初步的抽象思维等能力;运动量表(motor scale)测量坐、站、走、爬楼梯等大运动能力以及双手和手指的操作技能,包括评定感觉和知觉动作统合的项目;行为记录(infant behavior record)评定个性发展的各个方面,例如情绪行为和社会行为、注意广度和唤醒、持久性、目标定向等。

贝利婴幼儿发育量表 - 中国城市修订版(Bayley scales of infant development-China revision , BSID-CR),由原湖南医科大学易受蓉教授根据 1969 年版本进行修订和标准化,目前已广泛用于国内 2~30 个月婴幼儿的心理发展状态评估。中国贝利婴幼儿发育量表常模在全国十二个城市取样，共采取正常婴幼儿样本 2409 例；年龄从 2~30 个月，每 1 个月为一年龄组，共计 29 个年龄组，各组样本数量从 40~146 例不等。

3. **丹佛发展筛查量表** 丹佛发展筛查量表（Denver developmental screening tests, DDST）是由美国丹佛的儿科医师弗兰肯伯格（W. K. Frankenberg）和心理学家道兹（J. B. Dodds）等在 GDDS、BSID 等 10 余种量表基础上，筛选部分项目而来，并在丹佛和全美国 1 万多名儿童中进行了标准化研究，1967 年正式出版了该量表，用以筛查 0~6 岁儿童发育方面潜在的问题。筛查时根据迟缓项目数，将筛查结果分为正常、可疑、异常、无法解释四种。如果第一次为异常、可疑或无法解释的，应于 2~3 周后予以复查，如果复查结果仍为异常、可疑或无法解释，且家长亦同意其结果与儿童平日的行为基本符合，此时应作诊断性检测，以确定儿童是否存在发育异常。国内修订的 DDST 测验共 104 项测试项目（原著 105 项，删去了"会用复数"），其测查方法、测查用具、记录、评价均按原 DDST 标准。

4. **0~3 岁婴幼儿发育量表（CDCC）** 0~3 岁婴幼儿发育量表是中国科学院心理研究所与中国儿童发展中心合作，由范存仁教授牵头，以盖塞尔发育量表、贝利婴幼儿发展量表和丹佛发育筛查测验等为蓝本，发展起来的一套婴幼儿发展量表，适用于评估 2~36 个月婴幼儿智能发育状况。全量表包括智力和运动两个分量表，智力量表共 121 个项目，运动量表共 61 个项目。全国常模年龄覆盖范围 2~36 个月，半岁以前每个月为一个年龄组，半岁至 1 周岁每 2 个月为一个年龄组，1 周岁至 3 周岁每 3 个月为一个年龄组，共 16 个年龄组，每组采样 100 名。

六、适应行为量表

（一）美国社会适应行为评定量表

美国社会适应行为评定量表（AAMD-ABS）是由 R. C. Nihira 等人（1974）编制，用于评价 3~69 岁智力残疾、情绪适应不良和发育障碍的个体。量表包括两部分，第一部分是沿着个体发展这条线设计，包含 10 种行为维度，主要测量人们的基本生存技能和维持个人独立生活的重要习惯；第二部分则关注不适应的行为，涉及 14 种与人格和行为障碍有关的适应不良行为。该量表有 3 种评定方法。一种方法是由知情者填写，这要求他必须熟悉被评估者的情况，而且也掌握了评定方法，可以做出准确的评定；第二种方法是由专业人员通过访谈进行直接评定；第三种方法是从多个知情者如被评估者的父母、护士、病房看护人员那里获得信息进行评定。

（二）Vineland 适应行为评定量表

Vineland 适应行为评定量表（Vineland adaptive behavior scale, VABS）于 1953 年由 E.A. Doll 编制，于 1984 年进行了修订。该量表评定对象年龄范围从出生后至 19 岁。VABS 包括研究本、扩展本和教师本 3 种版本，每个版本都是从沟通、生活技能、社会化和运动技能 4 个方面来评价被评估者的适应行为，前两个版本还包括不良行为维度，而教师版本没有这个维度。沟通维度包括理解表达和书面语言；生活技能维度评价个人生活的习惯、家务劳动和社区行为；社会化维度着重在人际交往方面，例如玩耍、自由时间支配、对别人的敏感性和责任心；运动维度评价粗大和精细运动及运动协调性；不良行为维度主要涉及不适应的社会行为。研究和扩展版的标准化样本年龄分组是：从出生婴儿到 1 岁每个月为一组，2～5岁每2个月为一组，6～8岁每3个月为一组，9～18岁每4个月为一组。教师版常模样本包括3～12岁的儿童3000人，采样设计方法与研究版和扩展版相同。

（三）婴儿 - 初中学生社会生活能力量表

原北京医科大学左启华和张致祥教授1988年修订了日本的《婴儿 - 初中学生社会生活能力量表》，并建立了我国的常模，可用于评价6个月至14岁儿童的社会适应能力。该量表采用个别测验的方法，由儿童的父母、教师或其他监护人回答主试提出的问题。

原量表内容涵盖6个基本行为领域，共130个项目。修订后的量表保留原来的全部6个领域，共有132个项目。具体为删减了1个项目，增加3个新项目，并对13个项目进行了适当的修改。

（四）儿童适应行为评定量表

儿童适应行为评定量表是20世纪90年代初姚树桥和龚耀先编制的一套用于评价3～12岁儿童适应行为发展水平的量表。该量表采用分量表结构方式，共包括3个评定因子8个分量表，共59个项目。儿童适应行为评定量表是他评量表，由经过正规训练并且熟悉被试情况的人（如教师、在福利院工作的心理学家等）评定，也可以由测验者通过询问知情人（如儿童的父母、教师和其他监护人）进行评定。所有儿童均从第一项开始，全部项目均需逐一评定。

七、智力测验结果的分析与解释

（一）测验过程中的行为分析

对被试在测验过程中的行为表现进行分析，通常有两个目的和意义。一是评价本次测验的有效性，测验结果是否反映了被试的真实水平；二是对被试在测验过程中的反应方式、解决问题的过程和方法、思维的逻辑性等方面进行分析，有助于准确、全面地评估被试的智力特点和水平。另外，对于被试在测验过程中的一些特殊行为和某些回答的特殊含义也有必要进行分析和解释。

（二）测验分数与常模总体比较

1. 将被试各个分测验的量表分与相应的年龄常模进行比较，用于评价被试各种能力的发展水平。

2. 心理测验结果报告中用来表示某被试成绩在常模中所处水平的另一个常用指标是百分位，例如某人的测验成绩相当于常模群体成绩70的百分位，表明他的成绩比常模样本70%的人高，而比30%的人低。

3. 智商的分等，韦氏智力量表的常用划分方法详见教材第96页内容。

4. 智商和测验分数的可信区间

$$X_T = X \pm ZSE_m$$

式中：X_T 为"真实分数"的波动区间；X 为被试实际得分；Z 为可信区间的概率水平；SE_m 为该项测验的测量标准误。

（三）智力结构特点的分析

1. V-P 差异分析计算公式　　计算公式如下：

$$最小差异分（DS）= Z \times SD\sqrt{2 - r_{11} - r_{22}}$$

式中：r_{11} 和 r_{22} 分别为两个测验的信度系数。SD 为该测验量表分的标准差（两个测验量表分标准差必须相等才可比较）。Z 为显著性水平。

2. **各分测验之间的比较** 运用计算最小差异分的公式，也可以分析任意两个分测验量表分之间的差异是否达到了统计学意义上的显著性水平。

3. **相对强弱点分析计算公式** 计算公式如下：

$$最小差异分（DS）= Z \times SE_{m(T/m-X_i)}$$

式中：Z 为显著性水平，当 $P=0.05$ 时，$Z=1.96$；当 $P=0.01$ 时，$Z=2.58$。$SE_{m(T/m-X_i)}$ 为某分测验量表分与分量表或全量表若干分测验（包括其本身）平均量表分之间差异的测量标准误。

应当强调的是，相对强弱点分析中发现的智力方面强点或弱点是相对被试本人而言，而不是与他人比较的结果。

八、智力测验的应用

智力测验已被广泛地用于教育、医学临床、司法鉴定、心理学研究、职业咨询和人才选拔等众多领域。

习　题

一、名词解释

1. 流体智力

2. 晶体智力

3. 长 - 鞍团体智力测验

4. AAMD 适应行为评定量表

5. 贝利婴幼儿发展量表

6. 丹佛发展筛查量表

二、单项选择题

1. 下列**不属于** Freeman 智力的定义的是（　　）。

　　A. 抽象思维能力　　　　　B. 学习能力　　　　　　C. 认知能力

　　D. 适应周围环境的能力　　E. 调整周围环境的能力

2. 下列**不属于** Thurstone 群因素理论中智力的基本能力的是（　　）。

　　A. 言语理解　　　　　　　B. 知觉速度　　　　　　C. 数字运算

　　D. 机械记忆　　　　　　　E. 逻辑推理

3. Guilford 的模型中，操作的 5 种方式，**不包括**（　　）。

　　A. 认知　　　　　　　　　B. 记忆　　　　　　　　C. 分散思维

　　D. 聚合思维　　　　　　　E. 评价

4. Cattell 和 Horn 流体 - 晶体智力模型包括 4 个水平,下列**不包括**的是(   )。

    A. 关系推理   B. 直觉组织   C. 联想过程

    D. 言语推理   E. 感知觉

5. 人类的认知加工包括 3 个相互协调的功能系统或单元,其中,人类心理过程的基础是(   )。

    A. 情景亚结构   B. 成分亚结构   C. 第一功能单元

    D. 第二功能单元   E. 第三功能单元

6. 斯坦福 - 比奈 1916 年智力量表克服了智力年龄不能对不同年龄段儿童之间智力进行比较的缺陷,使得量表具备了标准化测验的特征,引入的概念是(   )。

    A. 比率智商   B. 比差智商   C. 率差智商

    D. 相对智商   E. 离差智商

7. "怎样能使水结冰?法国的首都是什么城市?"此类由若干常识(涉及历史、天文、地理、文学、自然现象和日常生活)问题组成,主要测量人们的一般知识丰富与否的题目属于(   )。

    A. 知识测验   B. 词汇测验   C. 领悟测验

    D. 语句测验   E. 常识测验

8. 韦氏智力量表智商 90 ~ 109 表示智力(   )。

    A. 优秀   B. 高于平常(聪明)   C. 平常

    D. 临界状态   E. 低于平常(愚钝)

9. 韦克斯勒用全量表智商(FIQ)、言语智商(VIQ)和操作智商(PIQ)来表示被试的智力发展水平,这些智商的平均值均为(   ),标准差为(   )。

    A. 110 和 15   B. 100 和 15   C. 110 和 20

    D. 100 和 20   E. 110 和 10

10. **不属于**韦氏智力量表操作分测验的内容是(   )。

    A. 填图   B. 图片排列   C. 算术测验

    D. 积木图案   E. 拼物测验

11. 下列**不属于**长 - 鞍团体智力的一项分测验的是(   )。

    A. 常识测验   B. 接龙测验   C. 分类测验

    D. 填图测验   E. 编码测验

12. 长 - 鞍团体智力测验中测量手与眼的配合能力,以及注意集中、持久能力的分测验是(   )。

    A. 编码测验   B. 常识测验   C. 分类测验

    D. 接龙测验   E. 补缺测验

13. 长 - 鞍团体智力测验的标准化**不正确**的是(   )。

    A. 采用年级量表分

    B. 信度研究结果显示该测验的重测信度偏低

    C. 因素分析结果显示该测验与设计构想相吻合

    D. 常模为高一至高三年级

    E. 建立了区域性常模

14. 下列**不属于**团体儿童智力测验言语分量表的是(   )。

A. 类同测验   B. 算术测验   C. 理解测验

D. 拼配测验   E. 词汇测验

15. 团体儿童智力测验的适用年龄范围是( )。

     A. 5~15 岁   B. 7~12 岁   C. 9~18 岁

     D. 9~20 岁   E. 6~9 岁

16. 瑞文测验主要测量( )。

     A. 言语表达能力   B. 集中注意能力   C. 空间分析和视觉分析

     D. 视觉分析和转换能力   E. 空间分析和逻辑推理能力

17. 瑞文测验适用于( )。

     A. 6 岁以上直至成人   B. 10 岁以上直至成人   C. 12 岁以上直至成人

     D. 15 岁以上直至成人   E. 16 岁以上直至成人

18. 希-内学习能力测验的分测验数量是( )。

     A. 6   B. 8   C. 9

     D. 12+   E. 16

19. 盖塞尔于 1925 年提出行为变化的原始机制是( )。

     A. 动作   B. 年龄   C. 适应能力

     D. 语言   E. 社交行为

20. 某人的测验成绩相当于常模群体成绩 70 的百分位,说明( )。

     A. 他的成绩比常模样本 70% 的人高,而比 30% 的人低

     B. 他的成绩比常模样本 30% 的人高,而比 70% 的人低

     C. 他的成绩排在第 30 名,且比常模样本 70% 的人高

     D. 他的成绩排在第 70 名

     E. 他的成绩排在第 30 名

21. 龚氏非文字智力测验最显著的特点是( )。

     A. 包括编码、认数辨色、分类、填图、接龙和填数 6 个分测验

     B. 拥有成人和儿童常模

     C. 拥有少数民族的全国常模

     D. 计分方法采用离差智商

     E. 以非文字的形式测验智力

22. 雷特国际操作量表适用的年龄范围是( )。

     A. 3~16 岁   B. 3~17 岁   C. 1~10 岁

     D. 5~12 岁   E. 2~18 岁

23. 希-内学习能力测验中国版本的修订者是( )。

     A. 易受蓉   B. 孟宪章   C. 林传家

     D. 曲成毅   E. 张秀玲

24. 聋人智力量表的编制者是( )。

     A. 易受蓉   B. 孟宪章   C. 林传家

     D. 曲成毅   E. 范存仁

25. 姚树桥和龚耀先编制的适应行为量表是( )。

     A. AAMD 适应行为评定量表   B. Vineland 适应行为评定量表

C. 婴儿 - 初中学生社会生活能力量表　　　D. 儿童适应行为评定量表

    E. 0~3岁婴幼儿发育量表

三、多项选择题

1. 长 - 鞍团体智力测验可以提取出(　　)成分。

    A. 知觉推理因子　　　　　　B. 言语理解因子　　　　　　C. 逻辑思维因子

    D. 注意 / 记忆因子　　　　　E. 常识因子

2. 团体儿童智力测验的言语分量表包括(　　)。

    A. 常识测验　　　　　　　　B. 类同测验　　　　　　　　C. 算术测验

    D. 理解测验　　　　　　　　E. 词汇测验

3. 韦克斯勒将智力量表分成言语和操作两个分量表,分别评价被试与言语发展及与空间知觉有关的智力功能,它们也被认为反映了大脑优势半球和非优势半球的功能。韦克斯勒用(　　)来表示被试的智力发展水平。

    A. 全量表智商　　　　　　　B. 言语智商　　　　　　　　C. 操作智商

    D. 语言智商　　　　　　　　E. 创造力商数

4. CDCC 全量表包括(　　)。

    A. 智力分量表　　　　　　　B. 语言分量表　　　　　　　C. 运动分量表

    D. 情商分量表　　　　　　　E. 操作分量表

5. 第3版贝利婴幼儿发育量表(BSID-Ⅲ),可用于评估幼儿的(　　)。

    A. 认知　　　　　　　　　　B. 语言　　　　　　　　　　C. 运动

    D. 社会 - 情感　　　　　　　E. 适应性行为

四、问答题

1. 请列出比率智商计算公式。

2. 韦氏智力量表分测验中言语分测验的内容有哪些,请举例3项。

3. 请简述团体儿童智力测验的内容与实施。

4. 请简述长 - 鞍团体智力测验的内容与实施。

5. 瑞文测验的内容有哪些?

6. 在对韦氏智力测验结果进行分析时,被试自身智力结构特点的分析有哪些方面?

五、综合应用题

请根据某求助者韦氏儿童智力量表的测试结果回答下列问题:

	常识	类同	算术	词汇	理解	背数	填图	排列	积木	拼图	译码	迷津
原始分	16	28	12	57	31	20	21	45	43	32	75	17
量表分	7	13	8	11	13	10	10	16	10	14	12	8

VIQ=102　PIQ=115　FIQ=109

单选:

1. 施测韦氏儿童智力量表,一般的做法是(　　　)。
   A. 先言语后操作　　　　　　B. 先操作后言语　　　　　C. 言语和操作交替进行
   D. 可根据具体情况施测　　　E. 主试想怎么做就怎么做

2. 如果可信限水平 85% ~ 90%,该求助者 VIQ 的波动范围是(　　　)。
   A. 95 ~ 105　　　　　　　　B. 97 ~ 107　　　　　　　C. 104 ~ 110
   D. 111 ~ 120　　　　　　　 E. 121 ~ 130

多选:

3. 与操作量表相比,下列分测验属于该求助者强点的有(　　　)。
   A. 排列　　　　　　　　　　B. 理解　　　　　　　　　C. 拼图
   D. 类同　　　　　　　　　　E. 词汇

4. 该求助者得分恰好处于 84 百分等级的分测验有(　　　)。
   A. 类同　　　　　　　　　　B. 背数　　　　　　　　　C. 填图
   D. 积木　　　　　　　　　　E. 译码

5. 根据测验结果,可以判断该求助者高于常模平均数水平的分测验有(　　　)。
   A. 类同　　　　　　　　　　B. 填图　　　　　　　　　C. 词汇
   D. 积木　　　　　　　　　　E. 背数

6. 根据韦克斯勒的标准,对该求助者测验结果正确解释的有(　　　)。
   A. 无言语缺陷
   B. 听觉加工模式较视觉加工模式好
   C. 操作技能发展比言语技能好
   D. V-P 无明显差异
   E. 总智商高于平常

参 考 答 案

一、名词解释

1. 流体智力:指那些非言语的、受文化背景影响较小的能力,包括人们对环境的适应性和学习新知识的能力,它与心理过程和操作有关。

2. 晶体智力:指与生活环境有明显关系、获得性的知识和技能,包括人们已掌握和建立起的认知功能,它与心理活动的结果和成就有关。

3. 长 - 鞍团体智力测验:长 - 鞍团体智力测验是由龚耀先和赵声咏于 1991 年开始编制、1997 年完成的一套用于评价精神正常的 12、13 岁儿童至成人的智力水平的团体测验,适用于有 6 年以上教育程度的汉族或略懂汉文和听得懂一些汉语的其他民族的被试。

4. AAMD 适应行为评定量表:是由 R. C. Nihira 等人(1974)编制,用于评价 3 ~ 69 岁智力残疾、情绪适应不良和发育障碍的个体。

5. 贝利婴幼儿发展量表　由美国加州伯克利婴儿发育研究所的儿童心理学家 Nancy Bayley 所编制,评定年龄从 1 ~ 30 个月之间儿童发展状况,它包括智力量表、运动量表和行为评定量表三个分量表。

6. 丹佛发展筛查量表 丹佛发展筛查量表是由美国丹佛的儿科医师弗兰肯伯格（W. K. Frankenberg）和心理学家道兹（J. B. Dodds）等在 GDDS、BSID 等 10 余种量表基础上，筛选部分项目而来，并在丹佛和全美国 1 万多名儿童中进行了标准化研究，用以发现 0 ~ 6 岁儿童发育方面潜在的问题。

二、单项选择题

1. C 2. E 3. C 4. D 5. C 6. A 7. A 8. C 9. B 10. C
11. D 12. A 13. D 14. C 15. C 16. E 17. A 18. D 19. B 20. A
21. C 22. E 23. D 24. B 25. D

三、多项选择题

1. ABD 2. ABCDE 3. ABC 4. AC 5. ABCDE

四、问答题

1. 请列出比率智商计算公式。

答：比率智商 $= \dfrac{\text{心理年龄}（MA）}{\text{实足年龄}（CA）} \times 100\%$

2. 韦氏智力量表分测验中言语分测验的内容有哪些，请举例 3 项。

答：背数、词汇测验、算术测验、领悟测验、相似性、字母数字测验、语句测验。

3. 请简述团体儿童智力测验的内容与实施。

答：团体儿童智力测验（the group intelligence test for children, GITC）是金瑜于 1996 年编制的一套适用于 9 ~ 18 岁儿童青少年的团体智力测验，其结构和编制方法均参照韦氏儿童智力量表。

（1）团体儿童智力测验共包含 292 个题目，分为言语和操作两个分量表，每个分量表又分别包括 5 个分测验。言语分量表包括常识测验、类同测验、算术测验、理解测验及词汇测验；操作分量表包括辨异测验、排列测验、空间测验、译码测验及拼配测验。该团体测验采用纸笔测验的方式，所有的题目均为多项选择题的格式，从 5 个选项中选出最恰当的答案。

（2）实施时以 20 ~ 25 人的小团体较合适，应配备 2 名主试，一人负责实测和掌握时间，另一人协助检查和监督。如果人数为 30 ~ 50 人，应增加一名主试。实施时应严格掌握时间，每个分测验的时限是 6 分钟，在主试对每个测验进行指导时严禁被试看正式的测验题目，所有被试在统一时间开始做测验。当一个测验操作时限到，主试叫"停"时，所有被试都必须停止。做完整套测验的时间大约 2 小时。

4. 请简述长 - 鞍团体智力测验的内容与实施。

答：长 - 鞍团体智力测验（Changsha-Anshan intelligence test in group, GAITG）是由龚耀先和赵声咏于 1991 年开始编制、1997 年完成的一套用于评价精神正常的 12、13 岁儿童至成人的智力水平的团体测验，适用于有 6 年以上教育程度的汉族或略懂汉文和听得懂一些汉语的其他民族的被试。

（1）该测验包括 6 个分测验，有文字和非文字的，分别测量不同的智力功能。其中，分类测验包含词语分类（25 题）和图案分类（24 题）形式，而接龙测验包含数字接龙（25 题）和图案接龙(18 题)两种形式,故 6 个分测验共包含 8 个分量表,将 8 个分量表得分相加即为总量表分。

(2)该量表除校对和编码分测验外,其他都是单选题型,每个分测验均有时间限制。可采用小团体方式实施测验,一般 40 ～ 50 人比较合适。这套测验包括甲、乙两个平行版本。

(3)根据总量表分可计算出总智商,智商是用标准分来表示,也属于离差智商。8 个分量表可以提取出 3 个因子成分,分别是知觉推理因子:测量知觉组织、分类和推理思维能力,包含补缺测验、图案分类、数字接龙和图案接龙;言语理解因子:由常识测验和词语分类共同负荷,这两个测验都属于言语方式,且都与理解有关;注意 / 记忆因子:测量注意集中和短时记忆能力,包括校对测验和编码测验。

5. 瑞文测验的内容有哪些?

答:瑞文测验包括 3 套难度不同的测验,适用于不同的测试对象。

(1)标准型:由 A、B、C、D 和 E 五个单元组成,每个单元有 12 个项目,共计 60 个项目。适用于 6 岁以上直至成人。

(2)彩色型:彩色型是将标准型的 A、B 两个单元着色,并增加一个彩色的 A_B 单元,共 36 个项目,适用于 5 ～ 7 岁的儿童和智力发育迟滞的成人。

(3)高级型:12 项练习题和 36 项正式题,内容难度加大,适用于智力水平较高者。

6. 在对韦氏智力测验结果进行分析时,被试自身智力结构特点的分析有哪些方面?

答:(1)V-P 差异分析:V-P 是比较被试言语智商和操作智商之间的差异是否具有统计学意义上的显著性。计算公式:

$$最小差异分(DS) = Z \times SD\sqrt{2 - r_{11} - r_{22}}$$

式中:r_{11} 和 r_{22} 分别为两个测验的信度系数。SD 为该测验量表分的标准差(两个测验量表分标准差必须相等才可比较)。Z 为显著性水平。

(2)各分测验之间的比较:运用计算最小差异分的公式,也可以分析任意两个分测验量表分之间的差异是否达到了统计学意义上的显著性水平。

(3)相对强弱点分析:计算公式:

$$最小差异分(DS) = Z \times SE_{m(T/m - X_i)}$$

式中:Z 为显著性水平,当 $P = 0.05$ 时,$Z = 1.96$;当 $P = 0.01$ 时,$Z = 2.58$。

$SE_{m(T/m - X_i)}$ 为某分测验量表分与分量表或全量表若干分测验(包括其本身)平均量表分之间差异的测量标准误。

应当强调的是,相对强弱点分析中发现的智力方面强点或弱点是相对被试本人而言,而不是与他人比较的结果。

五、综合应用题

1. C   2. B   3. AC   4. BCD   5. AC   6. AD

(李晓敏 邓 伟 蚁金瑶 杨 娟 王 烨 王瑾一 刘 倩)

第五章 人格理论与评估

学习目标

1. **掌握** 人格评估的概念、特点、目的和常用人格量表。
2. **熟悉** 与人格评估相关的人格理论。
3. **了解** 与人格评估相关的人格理论和人格量表的新进展，人格评估的应用。

重点和难点内容

一、人格理论

人格是研究个体差异的领域，有着异常复杂的心理结构。下面仅就与人格评估关系密切的人格理论做简要介绍。

（一）人格特质理论

特质是决定个体行为的基本特性，是人格的有效组成元素，也是测评人格所常用的基本单位。关于人格特质的研究起源于 20 世纪 40 年代的美国和英国，主要代表人物是奥尔波特、卡特尔和艾森克。

1. **奥尔波特的特质理论** 奥尔波特（G. W. Allport，1897～1967）是美国心理学家，人格特质理论的创始人。他把人格特质分为两类：一类是共同特质，指在某一社会文化形态下，大多数人或一个群体所共有的、相同的特质。它没有具体性，只供测定个人具有的特质多少和强弱的差异之用。另一类是个人特质，指个体身上所独具的特质。人和人之间，在共性上尽管相同，在个性上却有差异，个人特质表现个人倾向，是真实存在的特质。

个人特质依据其在生活中的作用分为 3 种：首要特质、中心特质、次要特质。首要特质是一个人最典型、最有概括性的特质，它影响到一个人的各方面的行为。中心特质是构成个体独特性的几个重要的特质，在每个人身上大约有 5～10 个。次要特质是个体的一些不太重要的特质，往往只有在特殊的情况下才会表现出来。这些次要的特质除了亲近他的人外，其他人很少知道。

2. **卡特尔的特质理论** 卡特尔（R. B. Cattell，1905～1998）用因素分析的方法对人格特质进行分析，提出了基于人格特质的一个理论模型。模型分成四层，即个别特质和共同特质、表面特质和根源特质、体质特质和环境特质及动力特质、能力特质和气质特质。各层之间用连线表示它们的关系。

（1）个别特质与共同特质：个别人所具有的特质是个别特质，某一地区、某一集团中各成员共有的特质属于共同特质。但共同特质在各个成员身上的强度是不同的，即或在一个人身上其强度在不同时间也不同。

（2）表面特质和根源特质：表面特质指从外部行为能直接观察到的特质。从表面上看，它们好像是一些相似的特征或行为，实际上却出于不同的原因。根源特质是指那些相互联系而以相同原因为基础的行为特质。

（3）体质特质和环境特质：在根源特质中又可区分为体质特质和环境特质两类。体质特质由先天的生物因素所决定，如兴奋性、情绪稳定性等。而环境特质则由后天的环境因素所决定，如焦虑、有恒性等。

（4）动力特质、能力特质和气质特质：处于模型的最下层，同时受到遗传与环境两方面的影响。动力特质是指具有动力特征的特质，它使人趋向某一目标，包括生理驱力、态度和情操。能力特质是表现在知觉和运动方面的差异特质，包括流体智力和晶体智力。气质特质是决定一个人情绪与反应的速度与强度的特质。

3. **现代特质理论：** 近年来，一些研究者在人格的理论建构上形成了比较一致的共识，提出了几种有代表性的现代人格特质理论。

（1）三因素模型：艾森克（Eysenck，1947～1967）依据因素分析方法提出了人格的三因素模型。这三个因素是：①外倾性它表现为内、外倾的差异；②神经质它表现为情绪稳定性的差异；③精神质它表现为与社会适应性有关的人格特征。并依据这一模型编制了艾森克人格问卷（EPQ，1975），其应用广泛。

（2）五因素模型：塔佩斯等人（Tupes & Christal，1961）运用词汇学的方法对卡特尔的特质变量进行了再分析，发现了5个相对稳定的因素。以后许多学者进一步验证了"五种特质"的模型，形成了著名的大五因素模型。这五个因素是：①经验开放性：具有想象、审美、情感丰富、求异、创造、智能等特质；②责任心：显示了胜任、公正、条理、尽职、成就、自律、谨慎、克制等特质；③外倾性：表现出热情、社交、果断、活跃、冒险、乐观等特质；④宜人性：具有信任、直率、利他、依从、谦虚、移情等特质；⑤神经质：具有焦虑、敌对、压抑、自我意识、冲动、脆弱等特质。

这五个特质的头一个字母构成了"OCEAN"一词，代表了"人格的海洋"（John，1990）。1989年麦克雷和考斯塔（McCrae & Costa）编制了"NEO人格问卷"（NEOPI），1992年修订后称NEO人格问卷修订版（NEOPI-R）。

（3）七因素模型：特里根等（Tellegen & Waller，1987）用不同的选词原则，获得了7个因素，构成了七因素模型。这7个因素是：正情绪性、负情绪性、正效价、负效价、可靠性、宜人性、因袭性。人格特征量表（the inventory of personal characteristics，IPC-7，1991）是"大七人格模型"的有效测量工具。

（4）6种美德24种品格优势模型：20世纪50～60年代开始，心理学家开始探索和研究人的积极层面，好的人格是积极心理学最基本的假设。克里斯托弗·彼特森（Christopher Peterson）提出人的积极心理品质包含6种美德和每种美德所具体体现的共计24种品格优势。

"VIA优势量表"（values in action inventory of strengths，VIA-IS）被用来测量美德和优势系统，它在一个连续体上描述品格优势的个体差异，而不是把它们描述为不同的类别。

（二）人格类型理论

1. **单一类型理论**　认为人格类型是依据一群人是否具有某一特殊人格来确定的。美国心理学家佛兰克·法利（Franck Farley）提出的T型人格是其代表。

T型人格是一种好冒险、爱刺激的人格特征。依据冒险行为的性质（积极性质与消极性质），T型人格又被分为T+型和T–型。当冒险行为朝向健康、积极、创造性和建设性的方向发展时，就是T+型人格。当冒险行为具有破坏性质时，就是T–型人格。在T+型人格中，又可依据活动的特点进一步分为体格T+型和智力T+型。

2. **对立类型理论**

（1）A-B型人格：福利曼和罗斯曼（Friedman & Rosenman，1974）描述了A-B人格类型，人们在研究人格和工作压力的关系时，常使用这种人格类型分类方法。

A型人格的主要特点是时间紧迫感和敌意。他们的成就欲高，上进心强，有苦干精神，工作投入，做事认真负责，时间紧迫感强，富有竞争意识，外向，动作敏捷，说话快，生活常处于紧张状态，性情急躁，缺乏耐性，办事匆忙，社会适应性差，属不安定型人格。具有这种人格特征的人易患冠心病。

B型人格的主要特点是，性情不温不火，举止稳当，对工作和生活的满足感强，喜欢慢步调的生活节奏，在需要审慎思考和耐心的工作中，他们属于较平凡之人。对冠心病患者的调查表明，B型人格只占患者的1/3。

（2）内-外向人格：瑞士人格心理学家荣格（C. G. Jung，1875～1961）依据"心理倾向"来划分人格类型，最先提出了内-外向人格类型学说。当一个人的兴趣和关注点指向外部客体时，就是外向型；而当一个人的兴趣和关注点指向主体时，就是内向型。

3. **多元类型理论**　认为人格类型是由几种不同性质的人格特性构成的。

（1）体型类型论：德国精神病学家克雷奇默尔根据对精神病患者的临床观察于1921年出版了《体格和性格》一书，提出了体型类型说。把人分为4种类型：瘦长型（或虚弱型）、矮胖型、强壮型（或健壮型）和发育异常型。

（2）气质类型论：古希腊医生希波克里特（Hippocrates）的体液说认为人体内有4种液体：黏液、黄胆汁、黑胆汁、血液，这4种体液的配合比率不同，形成了4种不同类型的人。约500年后，罗马医生盖伦（Galen）进一步确定了人的4种气质类型，即胆汁质、多血质、黏液质、抑郁质。

巴甫洛夫（1927）用高级神经活动类型说解释气质的生理基础。他依据神经过程的基本特性，即兴奋过程和抑制过程的强度、平衡性和灵活性，划分了4种类型（表5-1）。

表5-1　高级神经活动类型与气质类型表

高级神经活动过程	高级神经活动类型	气质类型
强、不平衡	不可抑制型	胆汁质
强、平衡、灵活	活泼型	多血质
强、平衡、不灵活	安静型	黏液质
弱	抑制型	抑郁质

（3）性格类型说：德国心理学家斯普兰格（Spranger，1928）依据人类社会文化生活的六种形态，将人划分为6种性格类型。不同的性格类型具有不同的价值观成分，分别是：①经济型；②理论型；③审美型；④权力型；⑤社会型；⑥宗教型。

4. 认知类型理论：

（1）场独立型和场依从型：威特金等（Witkin，et al，1940）在垂直视知觉的一系列研究中，发现了认知方式的个体差异，即场独立型和场依从型的差异。场独立型的人在信息加工中对内在参照有较大的依赖倾向，他们的心理分化水平较高，处理问题时主要依据内在标准或内在参照，与人交往时也很少能体察入微。而场依从型的人在信息加工时，对外在参照有较大的依赖倾向，他们的心理分化水平较低，处理问题时往往依赖于"场"，与人交往时较能考虑对方的感受。

（2）冲动型和沉思型：卡根等人（Gagon et al，1964）区分了冲动与沉思两种不同的认知风格，它们的差异主要表现在对问题的思考速度上。冲动型的特点是反应快，但精确性差，他们面对问题时总是急于求成，不能全面细致地分析问题的各种可能性，不管正确与否都急于表达出来。沉思型的特点是反应慢，但精确性高，他们总是把问题考虑周全以后再做反应，看重解决问题的质量，而不是速度。

（3）同时型和继时型：达斯等人（Das et al，1975）根据脑功能的研究，区分了同时型和继时型两种认知风格。他们认为，左脑优势的个体表现出继时型的加工风格；而右脑优势的个体表现出同时型的加工风格。继时型认知风格的特点是，在解决问题时，能一步一步地分析问题，每一个步骤只考虑一种假设或一种属性，提出的假设在时间上有明显的前后顺序。同时型认知风格的特点是，在解决问题时，采取宽视野的方式，同时考虑多种假设，并兼顾到解决问题的各种可能性。

（三）心理动力学理论

最早而又系统的心理动力学理论是弗洛伊德的心理分析学说。其中，人格结构观、人格动力观以及人格发展观是其理论的中心理念。

1. 人格结构　按照弗洛伊德的理论，人格是一个整体，包括了本我、自我与超我三个部分。这三个部分，彼此交互影响，对个体行为产生不同的支配作用。

2. 人格动力　弗洛伊德把人看作是一个复杂的能量系统。该系统的能量源泉均来自于本能。而本能总是寻求立即解除紧张，求得满足，求得快乐。但是现实世界不可能让本能立即获得满足，因而便产生了焦虑。在弗洛伊德看来，人格动力过程的核心概念是本能和焦虑。

（1）本能：是来自生物体内部的一种固有的驱力，并通过心理器官决定着人的心身活动的态势。本能是人的所有活动的最终原因。

（2）焦虑：是一种由担心、紧张、不安、焦急、忧虑、惊恐等感受交织在一起的情绪体验。

根据弗洛伊德的理论，婴儿出生时与母体分离，从一个非常安全与满意的环境突然进入一个对需要的满足很少能预知的环境，是人类体验到的最大焦虑。这种体验被称为出生创伤，是一切后来出现的焦虑的基础。

依据对自我造成威胁的根源来自外界环境、本我和超我3种情况，弗洛伊德把焦虑分为3类：即现实性焦虑、神经性焦虑和道德性焦虑。

（3）自我防御机制：自我防御机制，是个体潜意识渴望保护自我的统一性不受到威胁，并且使自己从未解决的挫折和冲突之中得以解脱的手段。适度的应用防御机制，可能有助于个体焦虑和痛苦的暂时缓解；过度应用防御机制，则可能导致病态的适应模式，甚至可能因此而导致精神障碍的发生。按照自我防御机制出现的先后及与心理障碍的联系,可以将其分成:①精神病性防御机制;②不成熟的防御机制;③神经症性防御机制;④成熟的防御机制。

3. 人格发展 按照弗洛伊德的观点,人格的发展即是性心理的发展,分为5个阶段:口欲阶段、肛欲阶段、性器欲阶段、潜伏期阶段、生殖期阶段。他强调6岁以前儿童期的性欲快感变化对人格发展的持续影响,即个人早期生活经验影响人格发展。

(四)人格评估概述

人格评估、人格测量或测验都表示一种程序,即系统地获得有关某个人或许多人的人格资料或对人格进行全面系统的描述。

人格评估的手段包括晤谈、观察、作品分析和测量,测量法比观察法、晤谈法和作品分析法更加客观、深入、全面。人格测量方式有3种:①主观评定,指评估人员在观察和晤谈的基础上用人格核查表或评定量表来评估人格;②客观评定,指让被评估对象针对量表中的项目自己评价并报告到答卷纸中,不加入评估人员的主观成分;③投射技术,指评估人员依据被评估对象对投射测验的反应去分析其人格。

人格量表可以用于主观评定和客观评定,其内容和形式繁多,难以按内容和形式做出统一的分类。心理测量年鉴(MMY-10)收录的人格量表名称包括核查表、评定量表、调查表和问卷几种,其中人格调查表和人格问卷数量多,使用频率高。

与人格量表相比,投射测验具有以下特征:测验所用的刺激材料是无结构的;测验方法是间接的,被试不知测验目的,顶多对目的有一些猜测;回答是自由的,开放式的;对回答的解释按多个变量进行。投射测验的优点是被试不知测验目的,其回答不受社会赞许的影响。不足在于施测远不及量表简便,分析手续复杂,结果不能定量,不如某些量表确定。

二、常用人格量表

人格量表是我国临床心理学工作者所偏好的人格测评工具,常用的主要包括MMPI、EPQ、CPI、16-PF、NEO和CPAI等。

(一)明尼苏达多项个性调查表

明尼苏达多项个性调查表(MMPI)问世于1943年,由明尼苏达大学教授哈特卫(S. R. Hathaway)和麦金利(J. C. Mckinley)合作编制而成。该测验的问世是人格量表发展史上的一个重要里程碑,对人格测验的研究进程产生了巨大影响。到目前为止,它已被翻译成各种文字版本达100余种,广泛应用于人类学、心理学和医学领域,是世界上最常被引证的人格自陈量表。该测验适用于年满16周岁,具有小学以上文化水平,没有影响测试结果的生理缺陷的人群。尽管它原来是根据精神病学临床实践而编制的,但是它并不仅仅应用于精神科临床和研究工作,也广泛用于其他医学各科以及人类行为的研究、司法审判、犯罪调查、教育和职业选择等领域。我国宋维真等人于1980年开始MMPI的修订工作,1984年完成修订并建立了中国常模。

1. 编制方法 MMPI是根据经验效标法建立起来的自陈量表。在选择调查表的每个问题时,哈特卫和麦金利进行了深入细致的工作,共选取了566个题目(其实是550个题目,因为有16题是重复题),每一题目都是通过两组被试的实际反映确定的,因而在以后测量其他人群时自然有辨别作用。题目内容包括躯体各方面的情况、精神状态、家庭、婚姻、宗教、政治、法律、社会等方面的态度和看法。

哈特卫和麦金利希望编制一个能同时对人格作出"多相"评价的工具。为此,他们在编制此测验时不只采用一个异常组,而是根据当时流行的精神疾病分类,每种疾病确定为一个异常组,通过重复测验、交叉测验,最后确定出8个临床量表。后来增加的"男子气-女子气"量表的题目,是根据男女被试的反应选择的;而"社会内向"量表的题目是根据大学生内向和外向两组的反应选择出来的。为了克服被试的态度和反应倾向的影响,在测验中还设定了4个效度量表。

1966年编制者对MMPI作了修订,称修订版(Form R),即现在的通用本。Form R的内容无改变,只是对题目的顺序作了重新排列,把与临床有关的题目集中在前399题,后面的题目主要用于研究工作。如果只是为了精神疾病的临床诊断,仅做前399题便可以了。

2. 测验结果的解释　对于MMPI结果的解释是一项专业性很强的工作,必须由经过专门训练和具有一定经验的心理学家和精神科医生来进行。一般来说,分数越高,异常的可能性越大。

(1)效度量表的解释:在MMPI测验中,被试对各个问题作出直接而诚实的回答,结果的解释才能有效。但由于种种原因,有些被试往往会偏离测验的要求。为了发现被试受检态度的偏离,特地设计了4个效度量表。

1)疑问(Q):对问题无反应及对"是"和"否"都进行反应的项目总数,或称"无回答"的得分。高得分者表示逃避现实,若在566题中原始分超过30分或前399题中超过22分,则提示量表结果不可信。

2)说谎(L):共15个题目,是追求过分的尽善尽美的回答。高分者总想让别人把他看得要比实际情况更好,他们连每个人都具有的细小短处也不承认。L量表原始分超过10分时,就不能信任MMPI的结果。

3)诈病(F):共64个题目,多为一些比较古怪或荒唐的内容。分数高表示被试不认真、理解错误,表现出一组互相无关的症状,或在伪装疾病。如果测验有效,F量表是精神病程度的良好指标,其得分越高提示着精神病性程度越重。

4)校正(K):共30个题目,是对测验态度的一种衡量,其目的有两个:一是为了判别被试接受测验的态度是不是隐瞒,或是防卫;二是根据这个量表修正临床量表的得分,即在几个临床量表上分别加上一定比例的K分。

F-K指数:F得分与K得分的关系是被试防卫态度高低的指标。在F-K值为正,而且高于11分的情况下,预示为被试有意冒充坏;在F-K值为负,而且低于-12分的情况下,则可能为被试故意要让别人把自己看得好些,并想隐瞒、否认情绪问题及各种症状。

(2)临床量表的解释:临床量表(clinical scales)高得分的定义,依文献而异。有些研究者把T>70作为高得分,有的把百分位在高分端的25%作为高得分,也有的使用者用其他一些划界分形式。国内宋维真等认为T60作为区分健康人与偏离者的个性较为恰当,也就是说T分超过60即属异常范围。当然,得分越高的被试,后面所要叙述的个性特征可能越适合于他,在测验之外所能推测的症候和行为的特征也就越显著。

1)疑病(Hs):共33个题目,它反映被试对身体功能的过分关注。得分高者即使身体无病,也总是觉得身体欠佳,表现疑病倾向。量表Hs得分高的被试,往往有疑病症、神经衰弱、抑郁等临床诊断。

2)抑郁(D):共60个题目,它与忧郁、淡漠、悲观、思想与行动缓慢有关,分数太高可能有自杀观念或行为。得分高者常被诊断为抑郁性神经症或抑郁症。

3）癔症（Hy）：共 60 个题目，评估用转换反应来对待压力或解决矛盾的倾向。得分高者多表现为依赖、天真、外露、幼稚及自我陶醉，并缺乏自知力。

4）病态人格（Pd）：共 50 个题目，可反映被试性格的偏离。高分数者为脱离一般的社会道德规范，蔑视社会习俗，常有复仇攻击观念，并不能从惩罚中吸取教训。在精神科的患者中，多诊断为人格异常，包括反社会人格和攻击性人格。

5）男子气 - 女子气（Mf）：共 60 个题目，主要反映性别色彩。高分数的男人表现敏感、爱美、被动、女性化，他们缺乏对异性的追求。高得分的妇女被看做男性化、粗鲁、好攻击、自信、缺乏情感、不敏感，在极端的高分情况下，则应考虑有同性恋倾向和同性恋行为。不论男女如果分数过低则提示该性别特征过于突出。

6）偏执（Pa）：共 40 个题目，高分提示具有多疑、孤独、烦恼及过分敏感等性格特征。如 T 分超过 70 分则可能存在偏执妄想，尤其是合并 F、Sc 量表分数升高者，极端的高分者极可能被诊断为精神分裂症偏执型和偏执性精神病。

7）精神衰弱（Pt）：共 48 个题目，高分数者表现紧张、焦虑、反复思考、强迫思维、恐怖以及内疚感，他们经常自责、自罪，感到不如人和不安。Pt 量表与 D 和 Hs 量表同时升高则是一个神经症剖图。

8）精神分裂症（Sc）：78 个题目，高分者常表现异乎寻常的或怪异的生活方式，如不恰当的情感反应、少语、特殊姿势、怪异行为、行为退缩与情感脆弱。极高的分数（T > 80）者可表现妄想、幻觉、人格解体等精神症状及行为异常。几乎所有的精神分裂症患者 T 分都在 80 ~ 90 之间，如只有 Sc 量表高分，而无 F 量表 T 分升高，常提示为类分裂性人格。

9）轻躁狂（Ma）：46 个题目，高得分者常为联想过多过快、活动过多、观念飘忽、夸大而情绪高昂、情感多变。极高的分数者，可能表现情绪紊乱、反复无常、行为冲动，也可能有妄想。量表 Ma 得分极高（T > 90）可考虑为躁郁症的躁狂相。

10）社会内向（Si）：70 个题目。高分数者表现内向、胆小、退缩、不善交际、屈服、过分自我控制、紧张、固执及自罪。低分数者表现外向、爱交际、富于表情、好攻击、健谈、冲动、不受拘束、任性、做作，在社会关系中不真诚。

（3）两点编码的解释：患者的 MMPI 剖析图中往往出现两个或两个以上的高峰，依据临床实践及症状的内在联系，经过有关专家反复验证，进一步提出了两点编码（two point codes）的解释。所谓两点编码就是将出现高峰的两个量表的数字号码联合起来，其中分数较高的写在前面，例如在量表 2（D）上得了第一个高分，在量表 3（Hs）上得了第二个高分，这张剖析图（也称剖图）的编码即为 "23" 或 "23/32"。如各临床量表的高分点很多，则应逐个配对解释，尤其要对最高点特别重视。现将经常遇到的两点编码形式的意义介绍如下：

12/21：出现这种剖图的患者常有躯体不适，并伴有抑郁情绪。这组高分者常常诊断为疑病症或抑郁性神经症。如为 127 剖图则常诊断为焦虑性神经症；如为 128 剖图并伴有 F 量表高分者则常诊断为精神分裂症未分化型。

13/31：这种组合的患者，往往被诊断为疑病症或癔症，尤其是在量表 2 比量表 1 和 3 得分低许多的情况下，可作出典型转换性癔症的诊断。

18/81：这种组合的患者，有时被诊断为焦虑性神经症和分裂样病态人格，但按严格的临床标准，如同时伴有 F 量表分数升高，提示为精神分裂症。

23/32：这种组合者通常诊断为抑郁性神经症，如有 F 量表高分或量表 8 高分则可能为重性抑郁症。这类患者对心理治疗反应欠佳。

24/42：具有这种剖图的人常有人格方面的问题，有的可诊断为反社会人格。当合并量表8与量表6同时高分时，这种人具有严重的攻击性，有破坏性或伤害他人的倾向。

28/82：此类剖图常见于精神病患者，如F量表T分高于70，可诊断为重性抑郁症、更年期抑郁或分裂情感性精神病。如这种剖图者临床上不符合精神病的诊断标准，可诊断为分裂性人格伴抑郁或抑郁性神经症（287剖图）。对这种人要预防他的自杀企图。

38/83：具有这种剖图的人有焦虑与抑郁感，有时表现出思维混乱。可能为精神分裂症或癔症（尤其在F量表、Sc量表T分都不超过70时）。

46/64：这种组合的人是不成熟、自负和任性的，对别人要求过多，并责怪别人对他提出的要求。量表4高于量表6可能诊断人格问题，反之可能是偏执型精神分裂症和更年期偏执。

48/84：有这种剖图的人，行为怪异，很特殊，常有不寻常的宗教仪式动作，也可能干出一些反社会行为。这些人一般诊断为精神分裂症（偏执型）、不合群人格、分裂样病态人格、偏执人格。

68/86：这种人表现多疑，不信任，缺乏自信心与自我评价，他们对日常生活表现退缩，情感平淡，思想混乱，并有偏执妄想。如Pa、Sc量表T分均升高，F量表T分也超过70，可以说是一个偏执型精神分裂症剖图。如F量表T分未升高，Pa、Sc量表T分稍高提示为偏执状态或分裂性人格。

78/87：这种人常有高度激动与烦躁不安等表现，缺乏抵抗环境压力的能力，并有防御系统衰弱表现。其诊断应结合临床，一般Sc、Pt量表的T分高的剖图提示可能诊断为焦虑性神经症、强迫性神经症、抑郁性神经症，以及人格异常。如量表Sc的T分明显高于量表Pt，则可能诊断为精神分裂症。

以上两高点分析解释系国外资料，仅供我国使用者参考。

3. MMPI的新发展　MMPI是国际上广泛使用的人格量表，但是，几十年来社会文化已发生了很大的变化，加之原先哈特卫和麦金利制定的美国常模存在着取样小，在地域、文化形态以及种族方面缺乏代表性等问题，使得MMPI在应用时存在种种不适合临床的情况，这就促使美国MMPI标准化委员会在MMPI问世50多年后，第一次对MMPI进行了重大修订。1989年明尼苏达大学出版了《MMPI-Ⅱ施测与计分手册》，标志着MMPI修订工作的完成和MMPI-Ⅱ的诞生。我国研究者于1991年10月在广州召开的MMPI国际研讨会上，成立了以中国科学院心理学研究所宋维真等人为首的全国协作组，开始了对MMPI-Ⅱ的引进、研究和对中国版的修订及常模制定工作，并于1992年底基本完成了这一工作。

我国研究者（宋维真等，1992）还通过对我国正常人进行MMPI的测查结果的每个项目进行统计分析后，将区分度较高的项目选出，组成简短式的MMPI，为了避免与MMPI混淆，而将其称为心理健康测查表（psychological health inventory，PHI）。该量表只有168个题目，由更适合中国情况的7个临床分量表组成，成功地保留了原MMPI中常用的临床量表的功能。

（二）卡氏16种人格因素测验

卡氏16种人格因素测验（16-PF）是美国心理学家卡特尔（R. B. Cattell）研制，发表于1949年。与其他类似的测验相比较，它能以同等的时间（约40分钟）测量更多方面主要的人格特质，并可作为了解心理障碍的个性原因及心身疾病诊断的重要手段，也可用于人才的选拔。适合于初三及以上文化程度的16岁及以上人群。我国华东师范大学戴忠恒和祝蓓里于1988年对16-PF进行了修订。

1. **测验的结构**　16-PF英文原版共有5种版本：A、B本为全版本，各有187个题目；C、D本为缩减本，各有106个题目；E本适合于文化水平较低的被试，包括128个题目。1970年经刘永和、梅吉瑞修订，将A、B本合并，发表了中文修订本。合并本共有187个测试题，为防止被试勉强作答或不合作，每个测试题有3个可能的答案，这就使被试在回答时能够有折中选择，避免"二选一"不得不勉强回答的弊病。而且，被选用的测试题有许多表面上似乎与某种人格有关，但实际上与另外一人格因素关系密切。如此，被试不易猜测每一题目的用意而作出如实回答。卡特尔经过二三十年的研究，确定出16种人格特质，并据此编制了16-PF。在量表中这16种人格因素是各自独立的，每个因素包括10～13个测试题，与其他因素相关极小，这些因素的不同组合构成了一个人不同于其他人的独特个性（表5-2）。

表5-2　16-PF的因素、名称、特征

因素	名称	低分特征	高分特征
A	乐群性	缄默、孤独、冷淡	外向、热情、乐群
B	聪慧性	思想迟钝、学识浅薄、抽象思维能力弱	聪明、富有才识、善于抽象思维
C	稳定性	情绪激动、易烦恼	情绪稳定而成熟、能面对现实
E	恃强性	谦逊、顺从、通融、恭顺	好强、固执、独立、积极
F	兴奋性	严肃、审慎、冷静、寡言	轻松兴奋、随遇而安
G	有恒性	苟且敷衍、缺乏奉公守法的精神	有恒负责、做事尽职
H	敢为性	畏怯退缩、缺乏自信心	冒险敢为、少有顾虑
I	敏感性	理智的、着重现实、自恃其力	敏感、感情用事
L	怀疑性	信赖随和、易与人相处	怀疑、刚愎、固执己见
M	幻想性	现实、合乎成规、力求完善合理	幻想的、狂妄、放任
N	世故性	坦白、直率、天真	精明强干、世故
O	忧虑性	安详、沉着、通常有自信心	忧虑抑郁、烦恼自扰
Q1	实验性	保守的，尊重传统观念和行为标准	自由的，批评激进，不拘泥于成规
Q2	独立性	依赖、随群附和	自立自强、当机立断
Q3	自律性	矛盾冲突、不顾大体	知己知彼、自律谨严
Q4	紧张性	心平气和、闲散宁静	紧张困扰、激动挣扎

2. **16-PF的评价**　16-PF的优点是高度结构化，实施方便，记分、解释都比较客观。为了克服动机效应，减少回答偏差，尽量采用中性词句，避免含有一般社会所公认的"对"或"不对""好"或"不好"的题目。此外，每一项目只出现在一个量表中，回答是或否的项目平衡，可避免定势选择回答的倾向。16-PF也有以下缺点：被试可能因情境的改变而做出不同的反应，测验的信度不如智力测验等认知性测验；缩减本（C和D）由于项目太少，测验的信度和效度低于A和B的结果。还有人提出，16-PF对人格的描述采用了不少生涩难认的字句，为读者的理解带来了困难。

（三）艾森克人格问卷

艾森克人格问卷（EPQ）是英国伦敦大学心理系和精神病学研究所艾森克（HJ Eysenck）和其夫人编制的，其理论基础是艾森克所提出的人格三维度理论，分儿童（7～15岁）和成人（16岁以上）两种类型。经过多次修订，在不同人群中测试，已经获得可靠的信度和效度，在国际上广泛应用。

1. **测验的构成**　英文原版的艾森克成人问卷中有 101 个项目，儿童问卷中有 97 个项目。1983 年，由龚耀先主持修订的中国版 EPQ 儿童问卷和 EPQ 成人问卷各由 88 个项目组成；每种问卷都包括 4 个分量表，即内向 - 外向（E）、神经质（N）、精神质（P）和掩饰性（L），前三者分别代表艾森克人格结构的 3 个维度。E 维度与中枢神经系统的兴奋、抑制的强度密切相关；N 维度与自主神经的不稳定性密切相关。P 量表发展较晚，其中的项目是根据正常人和病人具有的特质筛选的。L 量表是效度量表，测量说谎和掩饰，与其他量表的功能有联系，但它本身也代表着一种稳定的人格功能，提示着被试的社会纯朴性和幼稚程度。

2. **测量结果的解释**　在中国修订版的报告单上一般有两个解释图，一个是 EPQ 剖析图，一个是 E、N 关系图，据此可直观地判断出被试的内 - 外向、社会适应性以及情绪稳定性，还可判断其气质类型。各量表得分的意义简要解释如下：

（1）内向 - 外向（E）：分数高表示心理活动倾向于外，可能是好交际，渴望刺激和冒险，情感易于冲动。分数低表示心理活动倾向于内，可能是好静，富于内省，除了亲密的朋友之外，对一般人缄默冷淡，不喜欢刺激，喜欢有秩序的生活方式，倾向悲观，踏实可靠。

（2）神经质（N）：反映的是正常行为，并非指神经症。分数高者常常焦虑、担忧、郁郁不乐、忧心忡忡，遇到刺激有强烈的情绪反应，以致出现不够理智的行为。分数低者情绪反应缓慢且轻微，很容易恢复平静，他们通常是稳重、性情温和、善于自我控制。

（3）精神质（P）：反映个体的社会适应性行为或特点，它在所有人身上都存在，只是程度不同。高分者可能是孤独、不关心他人，不近人情，感觉迟钝，与他人不友好，喜欢寻衅搅扰，喜欢干奇特的事情，并且不顾危险，难以适应外部环境。低分者能与人相处，态度温和、不粗暴、善从人意，能较好地适应环境。

（4）掩饰性（L）：测量被试的掩饰、假托及自身隐蔽，以识别被试者回答问题时的诚实程度。

（四）其他人格量表

1. **加州心理问卷（CPI）**　加州心理问卷是由美国加州大学心理学家高夫（H. G. Gough）1948 年编制，最新修订本出版于 1987 年。该问卷有一半题目来自 MMPI，另一半反映正常青少年和成人的人格。不同于 MMPI 的特点，该问卷更着重于正常人格的测查。当今，在美国 CPI 是使用最广泛的测查正常人人格特点的量表之一。

1983 年中国科学院心理研究所宋维真曾将 CPI 问卷译成中文并在北京地区试用，中文最新版 CPI 于 1989 年开始由杨坚、龚耀先等修订。两地应用的结果均证实，量表有一定的信度和效度，基本达到人格测验的要求。

2. **NEO 人格问卷（NEOPI）**　NEO 人格问卷问世于 1985 年，由麦克雷和考斯塔（McCare & Costa）编制，最新版本于 1992 年修订，称 NEO 人格问卷修订版（NEO PI-R），是一个以大五人格模型为理论基础编制的著名人格测验，该量表的产生体现了麦克雷和考斯塔数十年来在临床和正常人格研究中的成果。

NEO PI-R 共有两个复本，总题数为 240，另有 3 题作为效度量表的题目。NEO PI-R 有自称量表式（S式）和他人评定式（R式）两种形式，前者由被试进行自我报告，后者则由同伴、配偶或其他人进行评价。每一题目采用5点量表评分，分别是非常同意、同意、中性、不同意、非常不同意。NEO PI-R还有一个包括60个题目的简化本，即NEO五因素问卷（NEO FFI）。

NEO PI-R共有5个维度，分别为大五人格模型的神经质（N）、外倾性（E）、经验开放性（O）、宜人性（A）和认真性（C），每一维度构成一个范畴，每个范畴又从6个方面进行测量，构成6个层面。其中神经质维度包括焦虑、恼怒性敌意、抑郁、自我意识、冲动性和脆弱层面；外倾性维度包括热情、乐群、自我肯定、活跃、刺激寻求和正性情绪层面；经验开放性包括幻想、审美、情感、行动、观念和价值层面；宜人性维度包括信任、坦诚、利他、顺从性、谦虚和温和维度；认真性维度包括胜任感、条理性、责任心、事业心、自律性和审慎性维度。

3. **中国人个性测量表（CPAI）** 中国科学院心理所与香港中文大学心理系于20世纪80年代开始合作，在1996年完成了CPAI第1版，2001年再次进行大规模的采集样本，完成CPAI第2版。这是中国人自己拥有全部知识产权的大型个性测量工具。实际上，CPAI现在已成为西方社会之外编制的最大规模的多相人格测验之一，它既可以用于测量正常人的个性特征，又可以用于变态人格的测评诊断。

4. **心理弹性量表** 心理弹性是影响应激条件下个体心理健康状况的重要心理品质。指个体在面对生活逆境、创伤、悲剧、威胁或其他重大生活压力时良好的适应能力，它意味着面对生活压力或挫折时的"反弹能力"（Luthar, Cicchetti & Becker, 2002）。心理弹性是个体在危险环境中良好适应的动态过程；它表示一系列能力和特征通过动态交互作用而使个体在遭受重大压力和危险时能迅速恢复和成功应对的过程。

目前，有基于不同文化背景和理论框架编制的心理弹性量表对个体心理弹性进行评估，量表均采用Likert等级评分。简介如下：

（1）儿童与青少年应用量表：介绍三种目前较常用的。

1）儿童与青少年心理弹性量表（the child and youth resilience measure CYRM）：用于测量9～23岁个体的自身素质以及从亲属、社会和文化习俗中得到的支持。量表共28个条目，包括个体水平、亲属水平、社会和文化水平3个维度。

2）发展优势评估问卷（the youth resilience: assessing developmental strengths questionnaire）：主要测量保护因素、内部发展力量（自尊、自我效能等）和外部发展支持（家庭、学校等）的作用以及家庭、学校和社区相互作用的系统问题。问卷共94个条目，包括父母支持、同伴关系、社区凝聚力、学习信仰、学校文化、文化敏感度、自我控制、激励自主、自我概念和社会敏感度10个维度。

3）青少年心理韧性量表：由胡月琴等人编制，由27个条目组成，包括目标专注、情绪控制、积极认知、家庭支持和人际协助5个维度。

（2）成人应用量表

1）Conner-Davidson心理弹性量表（Conner-Davidson resilience scale, CD-RISC）：Conner等于2003年编制，将心理弹性作为人格特质进行测评。由25个条目组成，包括个体能力、忍受消极情感、接受变化、控制感和精神信仰5个维度。

2）心理弹性量表：Wagnild等人于1993年基于丧偶老年妇女的心理状况研究结果编制而成。用于测量增强个体压力适用的个体特质，共25个条目（简称RS-25），包括坚持性、自信心、有意义的生活体验、自在感和镇定性5个维度。由于RS-25的结构不够稳定和清晰，Wagnild等对其进行修订，形成14个项目的单维量表（简称RS-14）。

3）成人心理弹性量表（the resilience scale for adults，RSA）：该量表由 Friborg 等人于 2003 年制定，用于测量心理失衡时提高或维持适应能力的个体内在和外在保护因素。共有 37 个条目，包括个人能力、社交能力、家庭凝聚力、社会支持和个人结构 5 个维度。2005 年 Friborg 等对原量表进行修订并形成了由 33 个条目组成的 RSA-33。杨立状等对此量表进行翻译，形成自我认知、未来计划、社会能力、家庭凝聚力、社会支持计划和风格 6 个维度。

4）中国成年人心理弹性量表：梁宝勇等通过对 285 名成年人和 457 名大学生测试编制而成，用于中国成年人弹性特质的测量。量表由 30 个条目组成，包括内控性、应对、乐观性、支持和接纳性 5 个维度。

5）"VIA 优势量表"（values in action inventory of strengths，VIA-IS）：克里斯托弗·彼特森（Christopher Peterson）等提出人的积极心理品质包含 6 种美德和 24 种品格优势。

美德比较抽象，不好去测量。但是这些美德可以通过叫做优势的途径来实现；由于优势是一种心理特质，应该在不同的环境中长期存在，并且这个优势本身有价值，能够带来好的结果。这个美德和优势系统的测量工具是"VIA 优势量表"（values in action inventory of strengths，VIA-IS）。它被设计用来在一个连续体上描述品格优势的个体差异，而不是把它们描述为不同的类别。

VIA-IS 目前版本在识别成人的优势方面具有信度和效度。24 个量表之间的相关比预期的要高。VIA-IS 的第 6 版是可以在线使用的。下面节选部分简表供同学们了解。

品格优势问卷

说明：每个优秀品质均有两个相应问题，回答问卷时选择与你最接近的答案，回答完毕后将答案选项的数字相加，得出的数字即是你这一优秀品质的得分。最后，将得分从最高至最低按顺序排列就可以看出你在哪个品质上最突出。

例如美德之一：智慧和知识

（1）好奇心

A"我总是对世界很好奇"这句话

5. 非常符合我	4. 符合我
3. 既没有符合也没有不符合	2. 不符合我
1. 非常不符合我	

B"我很容易变得无聊"这句话

1. 非常符合我	2. 符合我
3. 既没有符合也没有不符合	4. 不符合我
5. 非常不符合我	

　　　总分

（2）热爱学习

A"当我学到新东西时我非常兴奋"这句话

5. 非常符合我	4. 符合我
3. 既没有符合也没有不符合	2. 不符合我
1. 非常不符合我	

B"我从来不会特意去参观博物馆或其他有教育性质的场所"这句话

1. 非常符合我	2. 符合我
3. 既没有符合也没有不符合	4. 不符合我

5. 非常不符合我

　　　总分

（3）开放的思想

　A"不管是什么主题,我都可以很理性地去思考它"这句话

5. 非常符合我	4. 符合我
3. 既没有符合也没有不符合	2. 不符合我
1. 非常不符合我	

　B"我容易做仓促的决定"这句话

1. 非常符合我	2. 符合我
3. 既没有符合也没有不符合	4. 不符合我
5. 非常不符合我	

　　　总分

（4）创造力

　A"我喜欢琢磨新颖的做事方式"这句话

5. 非常符合我	4. 符合我
3. 既没有符合也没有不符合	2. 不符合我
1. 非常不符合我	

　B"我的朋友大多数都比我有想像力"这句话

1. 非常符合我	2. 符合我
3. 既没有符合也没有不符合	4. 不符合我
5. 非常不符合我	

　　　总分

（5）社会智慧

　A"不论什么样的社会场合我都能融入进去"这句话

5. 非常符合我	4. 符合我
3. 既没有符合也没有不符合	2. 不符合我
1. 非常不符合我	

　B"我不容易感觉到别人的感受"这句话

1. 非常符合我	2. 符合我
3. 既没有符合也没有不符合	4. 不符合我
5. 非常不符合我	

　　　总分

（6）洞察力

　A"看事情时我总可以看到大局"这句话

5. 非常符合我	4. 符合我
3. 既没有符合也没有不符合	2. 不符合我
1. 非常不符合我	

　B"其他人不经常来问我的意见"这句话

1. 非常符合我	2. 符合我
3. 既没有符合也没有不符合	4. 不符合我
5. 非常不符合我	

　　　总分

如果某项得分9～10，或排在24种品格优势前五位的可以视为该个体的优势品格。

青少年优势量表（VIA-youth）包括198个条目（24种优势中的每一种各包含6～12个条目，采用Likert 5级评分），此量表的内部一致性是足够的。

该量表不是用于雇员或心理健康筛查，反馈的目的是鼓励个体内的发展，不提倡用于个体间的比较。只是给父母或教育工作者提供指南，让他们能够帮助青少年发展自己的积极特征。

6）多伦多述情障碍量表（Toronto alexithymia scale-20, TAS-20）：述情障碍（alexithymia）一词，又称"情感难言症"或"情感表达不能"，以不能适当认知、加工和调节情感为其特征。它并非一种独立的精神疾病，也不构成一种心理特质，是一种较易发生某些躯体或精神疾病的心理特点或风格或状态，它与某些疾病的预后和治疗有关。当然，也有学者认为述情障碍是情绪认知加工、调节过程受损的一种人格特质。

Taylor等编制多伦多述情障碍量表（以下简称TAS-20），有20个条目，经测试，具有较高的信度和效度，可以较全面而准确地评估述情障碍是否存在以及它的严重程度，是目前世界上公认的最好的述情障碍测量工具。TAS-20是一种自评量表，需有初中以上文化程度，对评估能合作，在受评者不受环境因素干扰下一次完成。

TAS-20中文版由姚树桥等在国内修订，在大学生样本和临床样本中进行信效度检验，并且和原编制者共同发表了有关信效度文章。目前，TAS-20中文版在中国人群中应用广泛，其适用性在国内外得到公认。

另外，Haviland所编制的述情障碍观察量表（observer alexithymia scale：OAS）是一个最新的述情障碍他评量表，具有良好的信、效度，使用方便，可弥补自评量表的缺陷，姚树桥等也对该量表的中文版进行了修订，使其可应用于我国人群。

7）人格障碍诊断问卷（personality diagnostic question, 简称PDQ-4+）：人格障碍诊断问卷（personality diagnostic question, 简称PDQ）是美国Hyler博士根据DSM-Ⅲ编制的用于筛查人格障碍的自陈式问卷。目前为第4版，即PDQ-4+，包含107个项目，12个分量表：偏执型、分裂性、分裂型、表演型、自恋型、边缘型、反社会型、回避型、依赖型、强迫型、抑郁型、被动攻击型。阳性划界分为4～5分。2002年，杨蕴萍初步制订了中国常模对人格障碍的诊断有较高的灵敏度和较低的特异度，适合作为筛查问卷使用。

人格障碍诊断问卷（PDQ-4+）

指导语：此问卷的目的是让您自己来描述您是哪种类型的人，在回答问题时，想想您在过去的几年内所常有的感受，思考和活动方式。在每一项的上方可见有"在过去的几年中"的指示语句。请将回答标在另附的答题纸上。

"是"指该句子一般符合您的情况，"否"是指该句子一般不符合您的情况，即使您不能完全确定怎样回答，请仍对每个问题都标明"是"或"否"。

例如：　　　　　　　　　　　　　　是　　　　　　否

××我有些固执　　　　　　　　　　○　　　　　　○

如果您的确在过去几年中表现为固执，则请回答"是"（在答题纸相应题号"是"下面的圆圈打"√"）；如果它一点也不符合您的情况，则请回答"否"（在答题纸相应题号"否"下面的圆圈打"√"）。

没有正确答案可言

您可以任意花多长时间来回答这些问题

在过去的几年中……

1. 我尽量避免与可能批评我的人一块儿工作。

2. 没有得到别人的建议或再三宽心，我难以作出决定。

3. 我常常将功夫花在细节上而忽略了大目标。

4. 我希望能引人注目。

5. 我所做出的成绩远比别人所认为的要多。

6. 为了使我所爱的人不离开我，我会走极端。

7. 别人抱怨我没有能够完成我的工作任务或所承诺的事情。

8. 我曾几次遇到过法律上的麻烦（或如果我当时被抓住，我将会有这类麻烦）。

9. 与家人或朋友一起消磨时间并不使我感到有趣。

10. 我从周围所发生的事中接收到特殊的信息。

11. 我知道如果我任别人怎样待我，他们将会从我身上趁机得利或试图欺骗我。

12. 我有时心情不好。

13. 只有当我确信对方喜欢我时，我才会与他们交朋友。

14. 我通常心情抑郁。

15. 我让我的家人和朋友为我生活中的重要事情作出决定。

16. 我做事过分追求完美，因此花费不少时间。

三、常用投射测验

（一）概述

投射测验是指那些相对缺乏结构性任务的测验，包括测验材料没有明确结构和固定意义，以及对反应的限定较少。投射测验所要求完成的任务与其目的表面看没有直接的联系，因此，被试一般并不知道测验的目的，可减少来自被试的掩饰和伪装。投射测验可以对人格的多个维度进行测量及整体性分析，获得较为全面完整的人格印象，特别对揭示人格中隐蔽的、潜在的和无意识的方面更为有效。

根据测验的刺激性质和反应要求，常见的投射测验可以分成4类：视觉知觉技术，例如罗夏墨迹测验；情景图片技术，例如主题统觉测验（TAT）；完成测验和罗森茨韦格图片挫折研究；句子完成技术，例如罗特句子完成测验；绘画技术例如画人测验。

（二）罗夏测验

1. **概况**　罗夏测验呈现的刺激是模糊和不确定的墨迹图，仅要求被试说出墨迹图可能是什么，没有其他限制。所测量的人格内容广泛，提供的人格信息相对是全面的和动力的。

罗夏测验的发明者是赫曼·罗夏（Hermann Rorschach），他1884年9月8日出生于苏黎世，1921年出版了"心理诊断法"，首次向人们介绍了他使用墨迹图建构的测验——罗夏测验。墨迹图的制作比较简单：先将墨水滴到纸上，然后将纸对折随意挤压墨水，结果便在纸上形成了无意义的图形。在众多的墨迹图中，罗夏精心挑选了10张组织成了测验。罗夏测验施测比较简单，不过对反应的记分和分析则较复杂。罗夏认为他的测验是测量知觉过程的，而且相信知觉过程，即组织和构建我们所看到的过程，与人的其他心理活动有密切的关系，可以借助这种工具区分不同人群的反应，比如智力低下、精神分裂症和其他不同种类的精神障碍。

在罗夏测验发表几年后，Levy将其带到美国，到20世纪50年代，在美国陆续出现了5

种不同的记分系统。由于各种记分系统在理论导向和记分体系上存在不同,结果导致在罗夏测验的使用和解释上出现很大混乱。20世纪60年末和70年代初,John Exner在对现存的记分系统进行深入分析后得出结论,认为罗夏测验在研究和临床使用方面存在严重的缺陷,他决定改变这种情况,重新恢复罗夏测验的地位和荣誉。Exner和他的同事收集了大量的、代表性广泛的正常人样本,对施测、言语的指导、反应的记录以及对被试的提问作出了明确的操作规范。在记分和解释方面,Exner并没有更多新的东西提出,主要将过去记分系统中已有的那些重要的、价值比较大成份综合在一起,形成了一个新的记分系统,称为综合系统(1974)。综合系统是在面对罗夏测验缺乏科学性和测量学基础的批评指责中发展起来的,因此,Exner在制定这套系统时就将其牢牢地扎根在测量学的基础上。到目前为止,综合系统先后已出了四版(1974,1983,1993,2003),成为罗夏测验的主流。

2. **测验的编码和计分**　对不同被试人用标准的指导语、标准的墨渍图进行试验,然后根据被试反应的特征,可以从不同角度对其反应进行分类,比如反应使用墨迹图的部位,反应是由墨迹图的何种性质决定的,以及反应的内容等。罗夏测验的编码就是从不同角度对反应的特征进行标识。在综合系统中,编码是从部位、发展质量、决定因子、形态质量、成对反应、内容及其他等七个方面进行的。对反应进行编码之后,要对编码进行记分和整理,计算编码的频率、比率以及某些分数并将结果整理便于分析使用。由于记分系统十分复杂,这里不作详细介绍,具体请参考龚耀先著的《洛夏测验手册》(1988年)。

3. **罗夏测验的优缺点**　罗夏测验是一个非结构性的测验,测验的任务和目的是相对分离的,这样就避免了掩饰、伪装和依赖个人对自己人格认识的问题,从而使获得的资料更加客观真实。罗夏测验能够提供人格不同侧面的资料,从而可对人格做出整体性分析,获得较为全面的和有动力关系的人格印象。

罗夏测验的编码和记分是解释的依据,同样对施测也有重要影响,因此便成了学习掌握罗夏测验至关重要的环节。遗憾的是罗夏测验的编码和记分非常复杂,实属不易掌握。罗夏测验的解释是另一难点,要求主试具有丰富的人格结构、心理动力学和精神病理学方面的知识以及在罗夏测验方面得到高水平的训练。

(三)主题统觉测验

主题统觉测验(TAT)是由美国心理学家莫瑞(Murray)和摩根(Morgen)等人于1936年所提出。在莫瑞看来,主题统觉测验是一种窥探一些主要的动机、情绪、情结、情操和人格矛盾的方法。其特殊的价值在于它揭示了被试的潜在的被抑制的倾向。这种倾向是被试所不愿意承认,或是因为未意识到而不能承认的。

现在普遍使用的是该测验1943年的修订版。全套测验有30张内容隐晦的人物和风景的黑白图片,另有一张空白卡片,要求被试对这些图片编制故事。主题统觉测验的基本假设是:个体面对图画情境所编造的故事与其生活经验有密切的关系。故事内容有一部分固然受当时知觉的影响,但其想象部分却包含着个人有意识的与潜意识的反应。也就是说被试在编故事时常常会不自觉地把隐藏在内心的冲突和欲望穿插在故事情节当中,借故事中人物的行为宣泄出来,即把个人的心理历程投射到故事之中。如果对被试的故事加以分析,便可以了解到个人心理的需求。莫瑞认为:"当一个人解释一种含糊不清的情境时,他就易于表露自己的人格"。

与罗夏测验相比,TAT的优点在于显示的刺激更有结构性,要求更复杂和意义更明确的言语表达。在效度上似乎比墨迹测验高。但TAT的缺点也很明显,它没有标准化的施

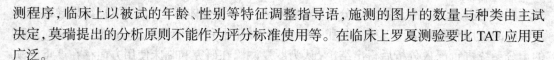

测程序,临床上以被试的年龄、性别等特征调整指导语,施测的图片的数量与种类由主试决定,莫瑞提出的分析原则不能作为评分标准使用等。在临床上罗夏测验要比 TAT 应用更广泛。

(四)句子完成测验

该测验主要的形式是,采用一些未完成的句子,要求被试填上几个词后使句子变得完整。句子完成测验可以是选择式的,即让被试从若干备选答案中选择一个能表达其情感的选项作答,也可以由被试自由构造答案。比较著名的句子完成测验有萨克斯句子完成测验和罗特句子完成测验。

句子完成测验是诊断和研究中较为有用的方法之一。当采用客观方法计分和解释时,测验有较高的信度和效度。该测验也可采用经验效标的方法来编制。

(五)图片挫折测验

由罗森茨韦格(Rosonzweig)1941 年编制,1978 年发布新版本,分成人、儿童和青少年 3 种形式。每一形式有 24 张卡通式图片,每张图片上有两位人物。其中一人所讲的几句话足以使另一个人生气而陷入挫折情境。要求被试按后者当时的感受,写出他将回答的话。

由于图片挫折测验研究涉及的范围有限,结构性强,计分方法相对客观,所以它比多数其他投射技术更适合于统计分析。从一开始,研究者就系统地收集常模资料并做信效度检验。到目前,关于图片挫折测验已经积累了相当多的成果。这些研究文献涉及这个工具的心理测量学特性和临床诊断、发展变化、性别差异、文化差异、幽默和攻击的关系等。

(六)绘画测验

虽然几乎每一种艺术媒介、技术和材料都曾被研究过,以探求人格评定中的诊断线索,但人们特别关注绘画。绘画测验就是非文字性的投射测验,适合从儿童到成人年龄范围广泛的被试。常见的绘画测验有画人测验、画树测验与屋-树-人测验。

四、人格评估的应用

人格评估的程序和工具可广泛应用于心理咨询、人才选拔、教育评价和心理健康档案等领域,评估的结果有助于做出相关决策。

(一)在心理咨询中的应用

人格测验在心理咨询中的作用主要是诊断与效果评估,尤其以诊断用得最多。需要注意的是,在精神疾病的诊断中,无论哪种测验其作用都是辅助性的,都应以临床精神症状为第一依据。

(二)在人才选拔中的应用

人格量表及投射测验均可以用于人才的选拔,特别是在军事及工业领域。在人格量表中,常用的选拔工具包括 16-PF、EPQ、CPI 和 CPAI 等,其中应用最为广泛的是 16-PF 测验。投射测验主要有罗夏墨迹测验和主题统觉测验,但由于过程复杂、要求高,所用不多。

(三)在教育评价中的应用

人格测验中与教育评价有关的可分成两个方面:一是正常人格的评价,二是不健康人格的评价,但以正常人格的评价为主。从正常人格测验方面看,目前主要有 16-PF、CPI;从诊断心理不健康或病态人格方面看,主要有 EPQ(儿童版)、心理健康诊断测验(MHT)。

（四）人格测验应用的其他领域

1. **婚姻和家庭评估** 大量的人格测量工具在婚姻和家庭问题的鉴别、诊断和预测上具有非常高的实用价值。目前，有许多的调查表、投射技术、评定量表和其他的一些工具，可用于婚姻前咨询、鉴别家庭不和与家庭问题的原因和可能的解决途径，以及帮助离异的家庭成员包括父母和儿童重新继续自己的生活。

2. **健康心理学** 在健康心理学领域，心理学家们不仅需要鉴别与不同医学状态有关的心理因素，协助诊断具体的障碍，还需要协助制订治疗计划或其他干预方案。

在制订全面的成年病人的治疗计划时，有一些与健康相关的人格调查表可供使用，例如评估个体酒精滥用模式的酒精使用调查表，评估与厌食症有关的行为特质的进食障碍调查表，可以协助制订全面的成年病人治疗计划的米隆行为健康调查表。

3. **司法心理学** 在法庭审判中，犯罪心理学家既可以作为控方人员，也可以作为辩方人员，以探查被告是否具有受审能力，是否患有精神障碍，是否具有危险性或容易出现暴力行为，是否具有责任能力或是否能够控制自己的行为，鉴别当事人是否有能力做一个合格的抚养者。

在评估受审能力时，最常用的程序和工具有访谈指南和受审能力筛查工具，如乔治敦嫌疑犯出庭受审能力筛选调查表、受审能力筛查测验和受审能力评估工具。此外，MMPI 和罗夏测验也是司法领域最常使用的两个测验。在法律领域，MMPI 还可以用于鉴别当事人的防御状态，提供法庭所关注的与个人行为有关的一些信息。但在法律事务上，MMPI 和罗夏测验都不能提供绝对的答案。

习　题

一、名词解释

1. 特质
2. 人格评估
3. 本我
4. 自我防御机制
5. 自我
6. 共同特质
7. 心理弹性
8. 述情障碍
9. 根源特质
10. 投射测验

二、单项选择题

1. 把人格特质分为个人特质和共同特质的心理学家是（　　　）。

   A. 卡特尔　　　　　　B. 艾森克　　　　　　C. 奥尔波特

   D. 马斯洛　　　　　　E. 荣格

2. 采用投射法进行心理测验的是(　　)。

　　A. 艾森克人格测验　　　　B. 明尼苏达多相人格测验　　C. 记忆测验

　　D. 罗夏测验　　　　　　　E. 智力测验

3. TAT 就是(　　)。

　　A. 罗夏墨迹测验　　　　　B. 主题统觉测验　　　　　　C. 神经心理学测验

　　D. 智力测验　　　　　　　E. 句子完成测验

4. 卡特尔人格因素测验将人格根源特质分为(　　)。

　　A. 8 种　　　　　　　　　B. 12 种　　　　　　　　　C. 16 种

　　D. 18 种　　　　　　　　 E. 24 种

5. 关于 A 型人格的特点,以下说法**错误**的是(　　)。

　　A. 成就欲高,上进心强,有苦干精神

　　B. 工作投入,做事认真负责

　　C. 性情不温不火,举止稳当

　　D. 具有这种人格特征的人易患冠心病

　　E. 时间紧迫感强

6. 明尼苏达多相人格调查表的 4 个效度量表是(　　)。

　　A. P、E、N、L 量表　　　B. K、L、Q、F 量表　　　C. N、F、P、E 量表

　　D. K、E、L、N 量表　　　E. K、L、N、F 量表

7. 人格的三因素模型是由(　　)提出的。

　　A. 艾森克　　　　　　　　B. 卡特尔　　　　　　　　C. 荣格

　　D. 弗洛伊德　　　　　　　E. 奥尔波特

8. 关于 MMPI 测验,以下说法正确的是(　　)。

　　A. 只要诈病(F)分数高就代表被试是在伪装疾病

　　B. T 分超过 50 即属异常范围

　　C. 癔症(Hy)分数高常表现为蔑视社会习俗,有复仇攻击观念

　　D. 偏执(Pa)高分提示具有多疑、孤独、烦恼及过分敏感等性格特征

　　E. 轻躁狂(Ma)高得分者常为外向、积极、阳光,人际交往中非常活跃

9. 关于中国人个性测量表,以下说法**错误**的是(　　)。

　　A. 是中国人自己拥有全部知识产权的大型个性测量工具

　　B. 现在已成为西方社会之外编制的最大规模的多相人格测验之一

　　C. 可以用于测量正常人的个性特征

　　D. 不可以用于变态人格的测评诊断

　　E. 个别和团体使用均可

10. 把人格特质分为表面特质和根源特质、体质特质和环境特质、能力特质和气质特质的心理学家是(　　)。

　　A. 艾森克　　　　　　　　B. 卡特尔　　　　　　　　C. 奥尔波特

　　D. 罗杰斯　　　　　　　　E. 弗洛伊德

11. **不属于**投射测验的有(　　)。

　　A. 罗夏墨迹测验　　　　　B. TAT 测验　　　　　　　C. 句子完成测验

　　D. 16PF 测验　　　　　　 E. 画人测验

12. 弗洛伊德把焦虑分为(　　)三类。

    A. 现实性焦虑、反应性焦虑、道德性焦虑

    B. 现实性焦虑、神经性焦虑、社会性焦虑

    C. 现实性焦虑、神经性焦虑、道德性焦虑

    D. 现实性焦虑、应激性焦虑、道德性焦虑

    E. 现实性焦虑、神经性焦虑、反应性焦虑

13. 最先提出了内 - 外向人格类型学说的心理学家是(　　)。

    A. 阿德勒　　　　　　B. 荣格　　　　　　　C. 卡特尔

    D. 艾森克　　　　　　E. 弗洛伊德

14. 提起林黛玉时，我们往往最先想到的是她的多愁善感，这个"多愁善感"属于她人格里的(　　)。

    A. 首要特质　　　　　B. 次要特质　　　　　C. 根源特质

    D. 能力特征　　　　　E. 表面特质

15. 如一个人在外面很粗鲁，而在自己的母亲面前很顺从。这里的"顺从"就是他(　　)。

    A. 首要特质　　　　　B. 次要特质　　　　　C. 根源特质

    D. 能力特征　　　　　E. 表面特质

三、多项选择题

1. 下列能应用于团体测查的人格测验有(　　)。

    A. 罗夏测验　　　　　　　　　　　B. 艾森克人格问卷

    C. 卡特尔16种人格因素测验　　　　D. 明尼苏达多相人格调查表

    E. 人格障碍诊断问卷

2. 有关 MMPI 的叙述正确的是(　　)。

    A. 问世于1943年，由明尼苏达大学教授哈特卫(S. R. Hathaway)和麦金利(J.C. Mckinley)合作编制而成

    B. MMPI 主要用于正常心理的评估与研究

    C. MMPI 常用4个效度量表和10个临床量表

    D. 广泛应用于人类学、心理学和医学领域，是世界上最常引证的人格自陈量表

    E. 精神分裂症量表(Sc)≥70表示可能存在幻觉、妄想

3. 关于 NEO 人格问卷，以下说法正确的是(　　)。

    A. 由麦克雷和考斯塔(McCare & Costa)编制

    B. 是一个以大五人格模型为理论基础编制的著名人格测验

    C. 有5个维度，分别为大五人格模型的神经质(N)、外倾性(E)、经验开放性(O)、宜人性(A)和认真性(C)

    D. 有自陈量表式(S式)和他人评定式(R式)两种形式

    E. 该问卷有一半题目来自 MMPI，另一半反映正常青少年和成人的人格

4. 关于投射测验正确的说法有(　　)。

    A. 测验所用的刺激材料是无结构的

    B. 测验方法是间接的，被试不知测验目的，顶多对目的有一些猜测

C. 被试需要对问卷上指定的问题作出回答

D. 投射测验可以对人格的多个维度进行测量

E. 可减少来自被试的掩饰和伪装

5. 关于弗洛伊德的心理分析学说，以下正确的有（　　　）。

A. 是最早而又系统的心理动力学理论

B. 人格结构包括了本我、自我与超我三个部分

C. 人格动力过程的核心概念是本能和焦虑

D. 按照弗洛伊德的观点，人格的发展即是性心理的发展

E. 提出了集体潜意识理论

6. 按照自我防御机制出现的先后及与心理障碍间的联系，可以将防御机制分成（　　　）

几类。

A. 精神病性防御机制　　　B. 不成熟的防御机制　　　C. 神经症性防御机制

D. 应激性防御机制　　　E. 成熟的防御机制

7. 关于艾森克人格问卷，以下说法**错误**的是（　　　）。

A. 其理论基础是艾森克所提出的人格三维度理论

B. 分儿童（7~15岁）和成人（16岁以上）两种类型

C. 中国版的艾森克成人问卷中有101个项目，儿童问卷中有97个项目

D. 每种问卷都包括四个分量表，即内向-外向（E）、神经质（N）、精神质（P）和掩饰性（L）

E. 目前尚无法用于团体施测

8. 关于卡氏16种人格因素测验，正确的说法有（　　　）。

A. 是美国心理学家卡特尔教授（R. B. Cattell）研制

B. 与其他类似的测验相比较，它能以同等的时间测量更多方面主要的人格特质

C. 可作为了解心理障碍的个性原因及心身疾病诊断的重要手段

D. 可用于人才的选拔

E. 高度结构化，实施方便，记分、解释都比较客观

9. 关于罗夏测验，正确的说法有（　　　）。

A. 是投射测验的一种，呈现的刺激是模糊和不确定的墨迹图

B. 施测比较简单，不过对反应的记分和分析则较复杂

C. 能够提供人格不同侧面的资料，从而可对人格做出整体性分析

D. 罗夏测验目前在国内被广泛地使用于临床和研究

E. 对罗夏测验的解释要求主试具有丰富的人格结构、心理动力学和精神病理学方面的知识

10. 以下测验属于投射测验的有（　　　）。

A. 罗夏墨迹测验　　　B. 中国人个性测量表　　　C. 主题统觉测验

D. 句子完成测验　　　E. 画人测验

四、问答题

1. 弗洛伊德的人格动力理论的主要内容有哪些？

2. 简单介绍人格的三因素模型理论。

3. 具体介绍人格评估有哪些手段?

4. 罗夏测验的优缺点有哪些?

5. 说说你对自我防御机制的理解。

6. 简单介绍"VIA优势量表"(VIA-IS)。

五、综合分析题

请根据某求助者MMPI的测试结果回答问题:

量表	Q	L	F	K	Hs	D	Hy	Pd	Mf	Pa	Pt	Sc	Ma	Si
原始分	0	2	24	8	14	45	30	26	34	22	41	38	14	54
K校正分					18			29			49	42	16	
T分	43	35	75	40	58	83	63	67	44	74	78	66	45	75

1. MMPI-1的临床量表主要集中在前(　　　)个题目。

　　A. 16　　　　　　　　　B. 339　　　　　　　　　C. 399　　　　　　　　　D. 566

2. MMPI所采用的导出分数是T分数,T分数以(　　　)为平均数和标准差。

　　A. 100和15　　　　　　B. 100和16　　　　　　C. 50和10　　　　　　D. 10和3

3. 该求助者F量表上的得分表明他(　　　)。

　　A. 有21道无法回答的题目　　　　　　　　B. 有说谎倾向,结果不可信

　　C. 有明显的装病倾向　　　　　　　　　　D. 临床症状比较明显

4. 在测验中该求助者回答矛盾和无法回答的题目数量是(　　　)。

　　A. 0　　　　　　　　　　B. 2　　　　　　　　　C. 8　　　　　　　　　D. 24

5. Pt量表的K校正分应该是(　　　)。

　　A. 43　　　　　　　　　B. 44　　　　　　　　　C. 45　　　　　　　　　D. 49

6. 该求助者测试结果两点编码的类型是(　　　)。

　　A. 12/21　　　　　　　　B. 20/02　　　　　　　C. 28/82　　　　　　　D. 27/72

7. 请对D和Si量表的分数进行解释。

参　考　答　案

一、名词解释

1. 特质:是决定个体行为的基本特性,是人格的有效组成元素,也是测评人格所常用的基本单位。

2. 人格评估:人格评估、测量或测验,这些术语可以交替使用。它们都表示一种程序,即系统地获得有关某个人或许多人的人格资料或对人格进行全面系统的描述,在心理诊断、心理治疗和咨询、司法鉴定、人事选拔以及人格研究等多个领域有广泛的用途。

3. 本我:是人格中最原始、最模糊和最不易把握的部分,是由一切与生俱来的本能冲动

所组成的。

4. 自我防御机制：是个体潜意识渴望保护自我的统一性不受到威胁，并且使自己从未解决的挫折和冲突之中得以解脱的手段。

5. 自我：是从本我分化出来的、社会化了的本我；自我在人格结构中代表着理性和审慎，它在同外界现实的相互作用中成长。

6. 共同特质：指在某一社会文化形态下，大多数人或一个群体所共有的、相同的特质。它没有具体性，只供测定个人具有的特质多少和强弱的差异之用。

7. 心理弹性：是影响应激条件下个体心理健康状况的重要心理品质。指个体在面对生活逆境、创伤、悲剧、威胁或其他重大生活压力时良好的适应能力，它意味着面对生活压力或挫折时的"反弹能力"。心理弹性是个体在危险环境中良好适应的动态过程；它表示一系列能力和特征通过动态交互作用而使个体在遭受重大压力和危险时能迅速恢复和成功应对的过程。

8. 述情障碍：又称"情感难言症"或"情感表达不能"，以不能适当认知、加工和调节情感为其特征。它并非一种独立的精神疾病，也不构成一种心理特质，是一种较易发生某些躯体或精神疾病的心理特点或风格或状态，它与某些疾病的预后和治疗有关。

9. 根源特质：是指那些相互联系而以相同原因为基础的行为特质。

10. 投射测验：是指那些相对缺乏结构性任务的测验，包括测验材料没有明确结构和固定意义，以及对反应的限定较少。

二、单项选择题

1. C　　2. D　　3. B　　4. C　　5. C　　6. B　　7. A　　8. D　　9. D　　10. B
11. D　　12. C　　13. B　　14. A　　15. B

三、多项选择题

1. BCD　　2. ACDE　　3. ABCD　　4. ABDE　　5. ABCD　　6. ABCE
7. CE　　8. ABCDE　　9. ABCE　　10. ACDE

四、问答题

1. 弗洛伊德的人格动力理论的主要内容有哪些？

答：弗洛伊德把人看作是一个复杂的能量系统。该系统的能量源泉均来自于本能。而本能总是寻求立即解除紧张，求得满足，求得快乐。但是现实世界不可能让本能立即获得满足，因而便产生了焦虑。在弗洛伊德看来，人格动力过程的核心概念是本能和焦虑。根据弗洛伊德的理论，婴儿出生时与母体分离，从一个非常安全与满意的环境突然进入一个对需要的满足很少能预知的环境，是人类体验到的最大焦虑。这种体验被称为出生创伤（birth trauma），是一切后来出现的焦虑的基础。

2. 简单介绍人格的三因素模型理论。

答：艾森克依据因素分析方法提出了人格的三因素模型。这 3 个因素是：①外倾性，它表现为内、外倾的差异；②神经质，它表现为情绪稳定性的差异；③精神质，它表现为与社会适应性有关的人格特征。并依据这一模型编制了艾森克人格问卷（EPQ, 1975），应用广泛。

3. 具体介绍人格评估有哪些手段？

答：人格评估有多种评估手段，包括晤谈、观察、作品分析和测量。晤谈就是直接和评估对象谈话，通过评估对象的言语内容分析和行为观察去评估人格。观察可以自然观察，也设置特殊情境观察评估对象反应，进而评估对象的人格特质。作品分析是从评估对象的作品内容和形式去了解其人格特点。与观察法、晤谈法和作品分析法相比，测量法更加客观、深入、全面。人格测量方式有 3 种：第一是主观评定，是评估人员在观察和晤谈的基础上用人格核查表或评定量表来评估人格。第二是客观评定，让评估对象针对量表中的项目自己评价并报告到答卷纸中，之所以称为客观评定，是指未加入评估人员的主观成分。第三是投射技术，运用投射测验，由评估对象自由反应，评估人员依据其反应去分析被试人格。

4. 罗夏测验的优缺点有哪些？

答：罗夏测验是一个非结构性的测验，测验的任务和目的是相对分离的，这样就避免了掩饰、伪装和依赖个人对自己人格认识的问题，从而使获得的资料更加客观真实。罗夏测验能够提供人格不同侧面的资料，从而可对人格做出整体性分析，获得较为全面的和有动力关系的人格印象。自从综合系统推出后，罗夏测验的基础更加深深地扎根在测量学之上，突出的表现是常模的建立和解释建立在常模基础之上。

罗夏测验的编码和计分是解释的依据，同样对施测也有重要影响，因此便成了学习掌握罗夏测验至关重要的环节。遗憾的是罗夏测验的编码和计分非常复杂，实属不易掌握。罗夏测验的解释是另一难点，要求主试具有丰富的人格结构、心理动力学和精神病理学方面的知识以及在罗夏测验方面得到高水平的训练。

5. 说说你对自我防御机制的理解。

答：自我防御机制，是个体潜意识渴望保护自我的统一性不受到威胁，并且使自己从未解决的挫折和冲突之中得以解脱的手段。应该说，所有的人都或多或少地使用过这种自欺的手段，以求保护自尊或缓和失败的痛苦。但是，自我防御机制毕竟不能代替问题的根本性解决。所以，适度的应用防御机制，可能有助于个体焦虑和痛苦的暂时缓解；但如果过度应用防御机制，则可能导致病态的适应模式，甚至可能因此而导致精神障碍的发生。

6. 简单介绍"VIA 优势量表"（VIA-IS）。

答：克里斯托弗·彼特森（Christopher Peterson）等提出人的积极心理品质包含 6 种美德和 24 种品格优势。美德比较抽象，不好去测量。但是这些美德可以通过叫做优势的途径来实现；由于优势是一种心理特质，应该在不同的环境中长期存在，并且这个优势本身有价值，能够带来好的结果。这个美德和优势系统的测量工具是"VIA 优势量表"（values in action inventory of strengths，VIA-IS）。它被设计用来在一个连续体上描述品格优势的个体差异，而不是把它们描述为不同的类别。

VIA-IS 目前版本在识别成人的优势方面具有信度和效度。24 个量表之间的相关比预期的要高。VIA-IS 的第 6 版是可以在线使用的。如果某项得分 9～10，或排在 24 种品格优势前五位的可以视为该个体的优势品格。

青少年优势量表（VIA-youth）包括 198 个条目（24 种优势中的每一种各包含 6～12 个条目，采用 Likert5 级评分），此量表的内部一致性是足够的。

该量表不是用于雇员或心理健康筛查，反馈的目的是鼓励个体内的发展，不提倡用于个体间的比较。只是给父母或教育工作者提供指南,让他们能够帮助青少年发展自己的积极特征。

五、综合分析题

1. C　　2. C　　3. C　　4. A　　5. D　　6. D

7. D 量表高于 60:表示被试有忧郁、淡漠、悲观、思想与行动缓慢有关。高分可能会自杀。

Si 量表高于 60:表示被试可能内向、胆小、退缩、不善于交际、屈服、过分自我控制、紧张、固执或自罪。

(刘　畅　栾树鑫　刘浩鑫)

第六章　　能力倾向测验

学 习 目 标

1. **掌握**　能力倾向与能力倾向测验的概念；能力倾向测验的种类及常见测验；能力倾向测验存在的问题。

2. **熟悉**　能力倾向与智力以及知识、技能的关系；特殊能力测验及其分类；多重能力倾向测验及其分类；行政职业能力倾向测验的内容及测量目标。

3. **了解**　能力倾向测验的编制与发展；能力倾向测验的应用。

重点和难点内容

一、能力倾向测验概述

（一）能力倾向测验概念

1. **能力倾向**　又称性向（aptitude），是指一个人经过适当训练或置于适当的环境下完成某项任务的可能性。换言之，能力倾向是指一个人能够学会做什么，或他（她）获得新的知识、技能的潜力如何。能力倾向具有预测性、独立性、相对稳定性、多样性等特点。

2. **能力倾向评估**　是通过有效的观察、晤谈及心理测验等测评方法和手段，对人的能力倾向现状及其水平进行全面、系统和深入地客观描述、分类、评价、鉴定的过程。其中能力倾向测验是能力倾向评估的主要手段。

3. **能力倾向测验**　是测试人潜在的不同能力因素水平和预测将来从事某种专业活动时所能达到的能力水平的测验，可用于学术和职业咨询、职业安置等。

（二）能力倾向测验的分类

能力倾向测验按测量的能力数量可分为特殊能力倾向测验和多重（成套）能力倾向测验两大类。

特殊能力测验则是测定智能的特殊因素的一种测验。它具有诊断和预测职能；而多重能力倾向测验主要测量一个人的多方面的特殊潜能，强调对能力的不同方面的测量。

（三）能力倾向测验的编制与发展

能力倾向测验的编制起源于 20 世纪 20 年代对智力的研究，早期主要采取因素分析的方法，以基本心理能力测验和能力倾向检查为主要代表。此后，测验编制者在兼顾因素分析研究提出的理论构架的基础上,更多地考虑到实际应用。

1935 年以来,美国劳工部就业服务局就制订了一个性向测验研究计划,根据该计划的研究结果,该机构于 1947 年发表了"一般能力倾向成套测验"。

我国对能力倾向测验的应用和开发开始主要集中在人力资源部门。自 20 世纪 90 年代初开始,新录用公务员须经过"行政职业能力倾向测验"。此外,在一些特殊的单位和部门,如飞行员、宇航员、运动员的选拔和训练等,能力倾向测验也得到了不同程度的使用。

二、常用的特殊能力倾向测验

(一)常用的特殊能力倾向测验

主要有关于感知觉和心理运动能力测验、机械能力测验、文书能力测验、艺术和音乐能力测验等 4 个方面能力倾向的测验。

(二)感知觉能力测验:对个体感知觉等生理功能进行评估的测验。

感知觉能力测验	单一目的测验	视觉敏锐度测验、听觉敏锐度测验、颜色视觉测验
	多重目的测验	综合的感知觉能力测验

1. **视觉敏锐度测验** 最古老而又使用最普遍的视敏度测验是大家熟悉的视力检查表。它要求被试站在某一标准位置,检查其看清表中字母的能力。

2. **听觉敏锐度测验** 最常用的测量听敏度的测验工具为听力计,测量时通过不断变化声音的频率和强度,以确定个体的共阈限,并将结果绘制成听力图,表示被试每只耳朵在每一种频率下的听觉敏锐度。

3. **颜色视觉测验** 颜色视觉检查中最熟悉的莫过于色盲检查测验。测验由许多卡片组成,每张卡片上的图案由不同颜色的彩点构成,测量被试能否从中正确发现数字或某形状的图形。

4. **综合的感知觉能力测验** 测验通常是给予成套刺激以确定视觉能力。弗劳斯蒂格编制的视知觉发展测验(DTVP),特别适合于有学习困难或有神经障碍的儿童,包括 5 个领域:眼动协调、图案背景恒定性、形状知觉、空间位置和空间关系。

(三)心理运动能力测验

对受个体意识支配的精细动作能力的速度、协调和运动反应等特性进行评估的测验,测验成绩往往以完成测验的时间进行计算。

心理运功能力测验	大幅度运动测验	斯特拉姆伯格敏捷测验、明尼苏达操作速度测验
	精细运动测验	欧康诺的手指灵活测验和镊子灵活测验、克洛福德小动作敏捷测验
	大小动作运动测验	宾夕法尼亚双重动作工作样本、本纳特手-工具敏捷性测验、普渡的木钉板测验

1. **斯特拉姆伯格敏捷测验** 要求被试尽可能迅速地将 54 个饼干大小的彩色圆盘按指定顺序排列。

2. **明尼苏达操作速度测验** 要求被试将木块按指定方式翻转、移动和安放。

3. **欧康诺的手指灵活测验和镊子灵活测验** 要求被试用手指或一对镊子将很小的铜钉放入一个纤维板的小孔中。

4. **克洛福德小动作敏捷测验** 要求被试按要求进行几种简单的动作操作,共两部分测验。

5. **宾夕法尼亚双重动作工作样本** 要求被试将 100 个螺母拧入 100 个螺栓中,然后将它们插入指定孔中。

6. **本纳特手 - 工具敏捷性测验** 要求被试先将工具箱左板上的 3 种不同规格的螺母从螺栓上拧下,然后将它们安装到右板上。

7. **普渡的木钉板测验** 测验第一部分要求被试分别用右手、左手和两手把钉子插到孔中;第二部分要求把钉子、铜圈一起放在孔中,可以同时使用两手。

(四)机械能力测验

多用于预测机械操作及包装检验等工业职业的实际成就。

机械能力测验	空间关系测验	明尼苏达空间关系测验、明尼苏达书面形状测验
	其他机械能力的纸笔测验	本纳特机械理解测验、SRA 机械概念测验

1. **明尼苏达空间关系测验** 要求被试尽快将木块放入相应几何形状的板中,成绩按完成时间和错误次数计分。测验主要考察被试对空间关系的知觉速度。

2. **明尼苏达书面形状测验** 测验采用多重选择题,每题均由被分解开来的几个几何图形组成,要求被试从备选答案中选出由这几个几何图形拼合起来的整体图。

3. **本纳特机械理解测验** 测量对实际情境中的机械关系和物理定律的理解能力。

4. **SRA 机械概念测验** 测量对机械和机械关系的基本了解能力。测验包括 3 个分测验:机械关系、机械工具及使用、空间关系。

(五)文书能力测验

对个体的智力及知觉速度和准确性等方面进行综合评估的测验。

文书能力测验	一般文书能力测验	明尼苏达文书测验、一般文书测验
	计算机程序编制与操作能力	计算机程序员能力倾向成套测验、计算机操作员能力倾向测验

1. **明尼苏达文书测验** 测验包括两个部分,数字比较和姓名比较,要求被试检查 200 对数字和 200 对姓名的匹配正误。

2. **一般文书测验** 测验包括 9 个部分,按 3 种不同能力计分。这 3 种能力是:①文书速度和准确性:由校对和字母排列两个分测验组成;②数字能力:由简单计算、指出错误、算术推理 3 个分测验组成;③言语流畅性:由拼字、阅读理解、字词和文法 3 个分测验组成。

3. **计算机程序员能力倾向成套测验** 包括 5 个分测验;言语意义、推理、字母系列、数字能力和制图能力。

4. 计算机操作员能力倾向测验　包括 3 个分测验：序列再认、格式检查（察觉字母和数字所遵从的特定格式）和逻辑思维。

（六）艺术能力测验

对个体的艺术能力进行综合评估的测验。

艺术能力测验	艺术判断和知觉测验	梅尔艺术测验、格拉伏斯图案判断测验
	艺术能力操作测验	霍恩艺术能力倾向问卷

1. 梅尔艺术测验　测量个体的审美能力，测验分为艺术判断和审美知觉两个分测验。

2. 格拉伏斯图案判断测验　由 90 套二维或三维的空间抽象图案组成，每一套包括 2～3 个同一图案的变式，要求被试判断哪一个图案更好。

3. 霍恩艺术能力倾向问卷　测验由 3 部分组成。第一部分要求被试绘出 20 种常见物体；第二部分要求被试用指定的图形画成简单的抽象图案；第三部分要求被试利用给定的线条作画。

（七）音乐能力测验

对个体的音乐能力进行综合评估的测验。

音乐能力测验	音乐能力的分析评估	西肖尔音乐才能测验
	使用有意义音乐的测验	温格音乐能力标准化测验、音乐能力倾向测验

1. 西肖尔音乐才能测验　向被试呈现由两个音符或两个音阶构成的测试项目，评估其听觉辨别力的 6 个方面：音高、响度、节拍、音色、节奏和音调记忆。

2. 温格音乐能力标准化测验　该测验以有意义的钢琴音乐为材料，按 8 个方面计分：和弦分析、音高变化、记忆、节奏重音、和声、强度、短句和总体评价。

3. 音乐能力倾向测验　测验包含有 3 个分测验：T 测验——音调形象（旋律、和声）；R 测验——节奏形象（速度、节拍）；S 测验——音乐感受（短句、平衡、风格等）。

三、常用的多重能力倾向测验

多重能力倾向测验	职业能力倾向测验	工业能力倾向成套测验（GATB、FACT、FIT）、行政职业能力倾向测验（AAT）、军事机构职业能力倾向测验（ASVAB）
	学业能力倾向测验	差异能力倾向测验（DAT）、学术能力测验（SAT、ACT）、学校和大学能力测验（SCAT）、研究生水平考试（GRE）
	其他能力测验	员工能力倾向测验（EAT）、多维能力倾向成套测验（MAB）

（一）职业能力倾向测验

1. 工业能力倾向成套测验（GATB）　是一个阅读性的能力测验，主要用于测量各种职业的能力倾向，多用于工业和商业人员的选择和安置。这个测验包括 12 个分测验，对 9 种不同的能力因素进行评定，测验着重实际操作，全部测验在很大程度上属于速度测验。

2. **弗兰那根能力倾向分类测验(FACT)和弗兰那根工业测验(FIT)** FACT 是历史最悠久、内容最长的测验,也是用时最长的测验。弗氏根据工作分析发现,有 14 种特殊工作技能影响许多种职业的成功,于是设计了包括 14 个分测验的性向测验。

FIT 包括 18 个分测验,其中 15 个是根据 FACT 的分测验改编而成,另将推理分测验修改为数学推理分测验,并新增了电子分测验和词汇分测验,FIT 的施测时间较少。

3. **行政职业能力倾向测验(AAT)** 是目前我国用于选拔、录用报考国家公务员考生的一项测验,由国家人事部负责组织和编制题目。主要测查报考者在将要从事的行政职业工作方面的素质和能力。

4. **军事机构职业能力倾向测验(ASVAB)** 是美国目前施测最广泛的多重能力倾向测验,也是美国军方正式的选拔和分类测验,共包含 10 个分测验。

(二)学业能力倾向测验

学业能力倾向是指学生为了完成学校课业学习所必须具备的能力,多以学生为对象进行标准化和实施,用以预测学生在未来的学业中可能取得的学术成就。

1. **差异能力倾向测验(DAT)** 主要用于初、高中学生的教育和职业咨询,也可用于基础成人教育、职业技能和矫正计划。DAT 包括 8 个单独施测和记分的分测验。

2. **学术能力倾向测验(SAT)** 主要用于评估和预测高中生是否具备了大学学习的能力以及倾向于在哪些专业领域更具优势。早期的 SAT 主要测试内容为言语和数学两大部分;2005 年改版的 SAT 包括推理测验和学科测验两部分;2016 年 SAT 考试再次改革,两大必考部分为循证读写和数学,外加一个话题作文(独立给分,选考)部分。

3. **美国大学考试(ACT)** 用于帮助高校评估申请人的考试,由四个部分测验构成:英语测试、数学测试、阅读测试、科学推理测试,还有一个非必选的英语写作。

4. **学校和大学能力测验(SCAT)** 旨在测量学校习得的能力以及个人承担其他学业的潜能。通过词汇类比测验和数量测验,SCAT 可以产生言语、数量和总成绩 3 个分数。

5. **研究生水平考试(GRE)** 在美国,GRE 相当于我国的研究生统一考试,旨在测量一般学术能力。GRE 包括能力倾向测验和成就测验两部分,其中能力倾向测验包括言语部分和数量部分。

(三)其他能力倾向成套测验

1. **员工能力倾向测验(EAT)** 该测验 20 世纪 80 年代首次出版,旨在辅助选拔销售人员、文秘和生产工人。所包含的 10 个分测验均属快速反应类型,每个分测验只有 5 分钟施测时间。EAT 还具有较多的言语、数字和推理成分。

2. **多维能力倾向成套测验(MAB)** 最初出版于 1984 年,是韦克斯勒成人智力测验修订版(WAIS-R)的一个纸笔型、团体施测的版本。MAB 同样分为言语部分和操作部分,两部分各包括 5 个分测验。

四、能力倾向测验的应用

(一)在教育评价中的应用

1. **评估学生的胜任力** 为学生提供自我能力的轮廓,使其更了解自己;鉴别出有特殊教育需要的学生;为学习障碍的诊断提供依据等。

2. **评估教师教学能力** 评估教学活动在多大程度上实现了学生的能力发展;为个别或个性化教育提供参考,提示教师如何在教学中因材施教。

（二）在职业选择和人才选拔中的应用

各国公务员录用考试方案中，能力倾向测验常被作为筛选工具。中国自 1988 年开始研究开发行政职业能力测验，以期达到"人适其职，职得其人"之用人目的。

（三）在军事领域中的应用

主要用于新兵筛选和军队工作安排。在实践中有效地应用于飞行员、海员和炮兵的选拔，也促成了许多能力倾向成套测验的发展。

（四）应用中需要注意的问题

1. 能力倾向测验的预测性问题 个体的成功会受能力倾向的影响，也会受动机、态度以及环境条件等多种因素的影响，因此能力倾向测验的预测不是绝对的；另外，能力倾向测验用于预测的目的时需慎重：一是将某些测验用于一些青少年可能会出现误导；二是用尚缺乏一定预测性研究的能力倾向测验去做预测，所冒"风险"会更大。

2. 能力倾向测验分数的处理和解释问题 一方面，测验结果非经被试本人或法律许可，不得为他人所用；另一方面，由于能力倾向测验的标准化样本常不相同，因此解释测验分数时，必须结合相应的常模，才能恰当理解该测验分数的真实涵义。

3. 辅导对于测验分数的影响 各种辅导教材的出版和各种培训班的举办提高了能力测验的得分，这使得如何应对应试辅导和强化备考已成为能力测验无法回避的现实问题。

4. 能力倾向测验的公平性问题 除了考试形式和过程的公平，对于不同类别考生来说考试内容是否公平也是值得关注的。

习 题

一、名词解释

1. 能力倾向
2. 能力倾向测验
3. 特殊能力倾向测验
4. 多重能力倾向测验
5. 职业能力倾向
6. 学业能力
7. 学业能力倾向

二、单项选择题

1. 能力倾向测验是（　　）。
   A. 人的最基本认知能力 　　　　　　B. 经过后天学习而获得的操作技能
   C. 完成某项任务的可能性 　　　　　D. 人在觉醒状态下的觉知
   E. 人在某个领域内学习的能力
2. 测量个体有效进行某种特定活动所必须具备能力的测验是（　　）。
   A. 心理运动能力测验　　　B. 智力测验　　　　　　C. 多重能力倾向测验

D. 职业能力倾向测验　　　E. 特殊能力倾向测验

3. 特殊能力倾向测验具有诊断功能和(　　　)功能。

A. 安置 　　　　　　　　B. 选拔 　　　　　　　　C. 预测

D. 想象 　　　　　　　　E. 判断

4. 我国对能力倾向测验的应用主要集中在(　　　)。

A. 农业部门 　　　　　　B. 水利部门 　　　　　　C. 医疗部门

D. 人力资源部门 　　　　E. 教育部门

5. 能力倾向测验早期主要受到(　　　)方法的影响。

A. 因素分析法 　　　　　B. 潜特征理论 　　　　　C. 内隐

D. 阈下知觉 　　　　　　E. 多元方程

6. 视力检查表是(　　　)测验的主要工具。

A. 艺术能力 　　　　　　B. 视觉敏锐度 　　　　　C. 颜色视觉

D. 运动能力 　　　　　　E. 空间能力

7. 心理运动能力测验主要关注个体受意识支配的(　　　)的速度、协调和运动反应等特性。

A. 精细动作能力 　　　　B. 综合感知能力 　　　　C. 情绪活动

D. 行为反应 　　　　　　E. 心理活动

8. 明尼苏达书面形状测验属于(　　　)能力测验。

A. 心理运动 　　　　　　B. 文书 　　　　　　　　C. 艺术

D. 机械 　　　　　　　　E. 理解

9. 梅尔艺术测验主要测量个体的(　　　)。

A. 艺术表现 　　　　　　B. 抽象数字 　　　　　　C. 审美能力

D. 流畅性 　　　　　　　E. 艺术理解能力

10. GATB 是一个阅读性的能力测验,主要用于(　　　)。

A. 工业和商业人员的选择和安置 　　　B. 军人的选拔和分类

C. 教育和职业咨询 　　　　　　　　　D. 职业技能和矫正计划

E. 学业测评

11. 行政职业能力倾向测验中言语理解与表达部分主要测查报考者(　　　)。

A. 对各种事物关系的分析推理能力

B. 理解、把握事物间量化关系和解决数量关系问题的能力

C. 运用语言文字进行思考和交流、迅速准确地理解和把握文字材料内涵的能力

D. 对各种形式的文字、图表等资料的综合理解与分析加工能力

E. 语言的融会贯通能力

12. 下列能力倾向成套测验中,属于军队服务职业能力倾向测验的是(　　　)。

A. GATB 　　　　　　　　B. SAT 　　　　　　　　C. ASVAB

D. DAT 　　　　　　　　E. SCAT

13. 应用非常广泛的学业能力倾向成套测验 DAT 包括(　　　)个单独施测、单独记分的分测验。

A. 4 　　　　　　　　　　B. 6 　　　　　　　　　　C. 8

D. 10   E. 12

14. 目前,学业评估测验 SAT 的考核内容主要为(　　)。
    A. 言语推理、数学推理　　　　　　　　　B. 批判性阅读、数学和写作
    C. 循证读写、数学　　　　　　　　　　　D. 英语、数学、阅读及科学推理
    E. 阅读、科学推理与写作

15. 美国大学考试 ACT 的测验内容为(　　)。
    A. 言语推理、数学推理　　　　　　　　　B. 批判性阅读、数学和写作
    C. 循证读写、数学　　　　　　　　　　　D. 英语、数学、阅读及科学推理
    E. 阅读、科学推理与写作

16. GRE 主要测查(　　)能力。
    A. 学校习得的能力以及个人承担其他学业的潜能
    B. 与大学学习密切相关的言语推理能力和数学推理能力
    C. 对机械和物理原理的理解力
    D. 一般学术能力
    E. 学习记忆力

17. SCAT 主要测查(　　)能力。
    A. 学校习得的能力以及个人承担其他学业的潜能
    B. 与大学学习密切相关的言语推理能力和数学推理能力
    C. 对机械和物理原理的理解力
    D. 一般学术能力
    E. 言语操作能力

18. GRE 的能力倾向测验包括(　　)。
    A. 言语部分和数量部分　　　　　　　　　B. 言语部分和操作部分
    C. 语文部分和数学部分　　　　　　　　　D. 言语推理和数的能力部分
    E. 逻辑推理和语言表达

19. 员工能力倾向测验 EAT 与(　　)测验在内容上十分相似。
    A. GATB   B. SAT   C. WAIS-R
    D. DAT   E. FIT

20. 多维能力倾向成套测验(MAB)是(　　)测验的一个纸笔型、团体施测的版本。
    A. GATB   B. SAT   C. WAIS-R
    D. DAT   E. FIT

三、多项选择题

1. 能力倾向的特征有(　　)。
    A. 稳定性   B. 潜在性   C. 独立性
    D. 多样性   E. 可变性

2. 能力倾向测验可分为两类(　　)。
    A. 特殊能力测验   B. 智力测验   C. 多重能力倾向测验
    D. 人格测验   E. 适应性测验

3. 常用感知觉能力测验有(　　)。

　　A. 视觉敏锐度测验　　　　B. 艺术能力测验　　　　C. 颜色视觉测验

　　D. 听觉敏锐度测验　　　　E. 嗅觉能力测验

4. 心理运动能力测验包括(　　　)。

　　A. 大运动测验　　　　　　B. 小运动测验　　　　　C. 大小动作运动测验

　　D. 行政职业能力倾向测验　E. 情绪自控能力测验

5. 机械能力测验可分为(　　　)。

　　A. 斯特格姆伯格敏捷测验　B. 普渡木钉板测验　　　C. 空间关系测验

　　D. 其他机械能力测验　　　E. 器械组装测验

6. 文书能力测验既包括与智力测验类似的题目,也包括(　　　)题目。

　　A. 知觉速度　　　　　　　B. 反应时　　　　　　　C. 知觉准确性

　　D. 意识　　　　　　　　　E. 知觉恒常性

7. 一般文书测验主要测试(　　　)能力。

　　A. 文书速度　　　　　　　B. 数字记忆　　　　　　C. 预见性

　　D. 言语流畅性　　　　　　E. 图形构造

8. 艺术能力测验含(　　　)。

　　A. 知觉速度测验　　　　　B. 艺术判断和知觉测验　C. 艺术能力操作测验

　　D. 明尼苏达书面形状测验　E. 艺术欣赏测验

9. 常用的音乐能力测验有(　　　)。

　　A. 音乐能力倾向测验　　　B. 温格音乐能力标准化测验　　　C. 梅尔艺术测验

　　D. 西肖尔音乐才能测验　　E. 霍恩艺术能力倾向问卷

10. 下列属于学业能力倾向测验的有(　　　)。

　　A. GRE　　　　　　　　　B. SCAT　　　　　　　　C. SAT

　　D. DAT　　　　　　　　　E. ASVAB

11. 下列属于职业能力倾向测验的有(　　　)。

　　A. GATB　　　　　　　　 B. SAT　　　　　　　　 C. ASVAB

　　D. DAT　　　　　　　　　E. SCAT

12. 行政职业能力倾向测验包括(　　　)。

　　A. 言语理解与表达　　　　B. 数量关系　　　　　　C. 判断推理

　　D. 资料分析　　　　　　　E. 常识判断

13. GATB 测量的能力倾向包括(　　　)。

　　A. 一般智力　　　　　　　B. 手工灵活性　　　　　C. 动作协调性

　　D. 形状知觉　　　　　　　E. 操作性知觉

14. FIT 根据 FACT 的分测验改编了 15 个测验后,还增加或改编了(　　　)分测验。

　　A. 精确性　　　　　　　　B. 数学推理　　　　　　C. 协调能力

　　D. 电子　　　　　　　　　D. 词汇

15. ASVAB 10 个分测验形成不同的组合分数,主要包括(　　　)。

　　A. 3 个学术组合　　　　　B. 4 个军事组合　　　　C. 4 个职业组合

　　D. 1 个操作能力组合　　　E. 1 个反映一般能力的综合组合

16. DAT 中分测验(　　　)的合成分对所有的学科都有比较好的预测作用,被看作是基本学习能力。

A. 言语推理　　　　　B. 语言运用　　　　　C. 数学能力

D. 抽象推理　　　　　E. 文书速度和准确性

17. SAT Ⅰ为推理测验,主要测验考生的(　　)能力。

A. 言语能力　　　　　B. 批判性阅读　　　　C. 数学能力

D. 写作　　　　　　　E. 学科

18. 能力倾向测验的主要功能(　　)。

A. 分类功能　　　　　B. 评估功能　　　　　C. 预测功能

D. 筛查功能　　　　　E. 控制功能

19. 下面GATB测验的分测验中属于书面测验的有(　　)。

A. 拆卸　　　　　　　B. 做记号　　　　　　C. 工具相配

D. 形状相配　　　　　E. 三维空间

20. ACT的分测验由(　　)构成。

A. 操作　　　　　　　B. 英语　　　　　　　C. 数学

D. 阅读　　　　　　　E. 科学推理

四、问答题

1. 说明能力倾向与智力、知识及技能的关系。

2. 说出能力倾向测验的类别。

3. 常用的特殊能力倾向测验有哪些?

4. 常用的多重能力倾向测验有哪些?

5. 能力倾向测验的应用中存在哪些问题?

参 考 答 案

一、名词解释

1. 能力倾向:指一个人经过适当训练或置于适当的环境下完成某项任务的可能性。换言之,能力倾向是指一个人能够学会做什么,或他(她)获得新的知识、技能的潜力如何,而不是他(她)已具有的知识或技能。

2. 能力倾向测验:用来测量个体从事某种职业或活动的潜在能力的评估工具,是一种高度标准化的素质测评方法,其目的在于评估个体在将来的学习和工作中可能达到的成功程度。

3. 特殊能力倾向测验:是测量个体有效进行某种特定活动所必须具备能力的测验,也是测定智能的特殊因素的一种测验。它具有诊断和预测职能。

4. 多重能力倾向测验:测量一个人的多方面的特殊潜能的测验,测量的结果是产生一组不同的能力倾向分数,从而提供表示个体特有长处和短处的能力轮廓。

5. 职业能力倾向:是一个人在将要从事的职业工作方面的素质和能力倾向。

6. 学业能力:指学生为了完成学校课业学习所必须具备的能力。

7. 学业能力倾向:是一个人在未来的学业中可能取得的学术成就倾向。

二、单项选择题

1. C　　2. E　　3. C　　4. D　　5. A　　6. B　　7. A　　8. D　　9. C　　10. A

11. C　　12. C　　13. C　　14. C　　15. D　　16. D　　17. A　　18. A　　19. D　　20. C

三、多项选择题

1. ABCD　　2. AC　　　3. ACD　　4. ABC　　5. CD　　　6. AC

7. ABD　　8. BC　　　9. ABD　　10. ABCD　11. AC　　12. ABCDE

13. ABCDE　14. BDE　　15. ACE　　16. AC　　17. BCD　　18. AC

19. BCDE　20. BCDE

四、问答题

1. 能力倾向与智力、知识及技能的关系。

答：能力倾向与智力以及知识、技能有着密切联系，它们都是人的认知能力的组成部分，但在人的认知能力结构上却处于不同层次。一般认为，智力处于认知能力结构的核心部位，它是人的最基本的认知能力，影响着一个人从事各种活动的效率；能力倾向处于智力的外围，介于智力与知识和技能之间，它影响到一个人在某一方面的活动效率。能力倾向具有相对稳定性；而知识和技能主要靠后天环境的影响，可通过学习和训练获得。三者之间虽有区别，但也互相影响，有时难以严格区分。

2. 能力倾向测验类别。

答：能力倾向测验按测量的能力数量可分为特殊能力倾向测验和多重（成套）能力倾向测验两大类。

3. 常用的特殊能力倾向测验有哪些？

答：常用的特殊能力倾向测验主要有关于感知觉和心理运动能力测验、机械能力测验、文书能力测验、艺术和音乐能力测验等4个方面能力倾向的测验。

4. 常用的多重能力倾向测验有哪些？

答：常用的多重能力倾向测验主要有职业能力倾向测验和学业能力测验等两个方面的能力倾向测验。其中职业能力倾向测验又包括工业能力倾向成套测验（GATB）、行政职业能力倾向测验和军事机构职业能力倾向测验（ASVAB）；学业能力倾向测验包括差异能力倾向测验（DAT）、学术能力倾向测验（SAT）、学校和大学能力测验（SCAT）和研究生水平考试（GRE）。

5. 能力倾向测验的应用中存在哪些问题？

答：(1)能力倾向测验的预测性问题；

(2)能力倾向测验分数的处理和解释问题；

(3)辅导对于测验分数的影响；

(4)能力倾向测验的公平性问题。

（马　娟　姬旺华）

学习目标

1. 掌握　兴趣与职业兴趣的概念;霍兰德职业兴趣类型理论;斯特朗兴趣量表的结构、计分和分数解释方法;霍兰德自我指导探索量表的结构、计分和分数解释方法;态度的测量方法;Thurstone 态度量表的理论假设;Likert 态度量表的理论假设;Guttman 态度量表的理论假设。

2. 熟悉　安妮·罗的职业兴趣理论;我国中学生的职业类型;库德兴趣量表;生涯评估量表;杰克逊职业兴趣调查表;我国职业兴趣量表的编制;态度的概念;编制态度量表的一般方法;Thurstone 态度量表的评价;Likert 态度量表的评价;Guttman 态度量表的评价;态度测验在我国的发展;态度测验的应用。

3. 了解　兴趣的功能和作用;职业兴趣发展理论;兴趣的评估方法;兴趣量表的编制策略;职业兴趣测验的应用和注意事项;态度测量与人格测量的关系;其他态度测量技术。

重点和难点内容

一、兴趣与态度的理论基础

(一)兴趣与兴趣测验的理论基础

1. 兴趣(interest)　是指个体力求认识、探究某种事物或从事某种活动的心理倾向,它表现为个体对某种事物或从事某种活动的选择性态度和积极的情绪反应。

职业兴趣(vocational interest)是指个体表现在职业活动中的兴趣。也就是说,一个人对某种职业活动表现出肯定的态度,并积极探索和追求。职业兴趣是兴趣在职业选择活动方面的一种表现形式,它体现了职业与从业者之间的相互影响。

2. 兴趣的理论

(1)职业兴趣发展理论

1)萨帕尔把通过职业成熟而个体寻求自我认同的过程分为 3 个阶段:探索阶段、确定阶段和保持阶段。

2)金兹伯格等人则将个体职业选择过程分为 3 个主要时期:幻想期(11 岁之前)、尝试期(11～18岁)和现实期(19～21岁后)。

（2）职业兴趣类型理论

1）安妮·罗的职业兴趣类型理论：通过对物理学家、生物学家和社会学家等不同领域的专家进行人格研究发现，不同领域的专家在对人或对物的兴趣上存在明显差异，对人有强兴趣的个体会选择人际定向的职业环境，诸如一般文化、艺术、娱乐、服务及商业接触等职业；而对物有强兴趣的个体会选择诸如科学研究、户外及技术等非人际定向的职业。安妮·罗把职业兴趣分为艺术与娱乐类、服务类、商业接触类、组织类、技术类、户外类、科学类、一般文化类等8类。

2）霍兰德的职业兴趣理论：霍兰德在其长期的职业指导和咨询实践的基础上认为个体的职业兴趣就是个体的人格体现，兴趣是人和职业匹配过程中最重要的人格因素。大多数人的职业兴趣(人格类型)可以归纳为现实型、研究型、艺术型、社会型等6种类型。每一种职业兴趣类型均有其不同的特点。人们将其简称为 RIASEC 理论。

3. 兴趣评估方法

（1）兴趣表达：即直接询问被试对什么事物、活动、职业等感兴趣，用语言表达出他对什么感兴趣，对什么不感兴趣，对被试表达的兴趣进行评估。

（2）行为观察：这是一种对被试在活动中表现出来的兴趣进行评估的方法。即通过观察个体在不同情境中的行为，来推测其兴趣。

（3）兴趣量表：这是以一种编制的标准化的兴趣量表来评估兴趣的方法。国际上有许多标准化的兴趣量表可供使用，兴趣量表是一种最科学、使用最广泛的兴趣评估方法。

4. 兴趣量表的编制策略

（1）经验效标法：以经验效标法编制兴趣量表，测验项目的选择是以经验效标为标准，测验项目的选择是以实证资料为依据，重视项目的区分度即只保留那些能够将效标组与控制组区分开的项目来构成量表。

（2）同质性方法：以同质性方法编制兴趣量表，注重对职业兴趣间的同质性分析，强调量表的同质性。将测验项目施测与一组被试，将那些相关高的项目组织在一起，构成一个具有某种共同特性的同质性量表，量表中的所有题目在内容上有很高的一致性。

（3）理论法：以理论法编制兴趣量表，是以某种兴趣理论为基础，严格按照理论构想来确定量表的结构，编写和安排量表的项目。

（二）态度与态度测验的理论基础

1. 态度

（1）概念：态度是个体对某一客体、情境、机构或人物做出习得性正面(积极的)或负面(消极的)反应的倾向。

（2）态度三因素的具体含义：①认知因素，指个体对态度对象，包括某一特殊事物、情境、机构或人的思想、信念与知识，尤其是伴有评价的信念的认知成分。②情感因素，指个体对于态度对象的好意或恶意等情感与情绪成分。③意向因素，指个体对态度对象的接受或拒绝，接近或回避及其程度等，是由于个体的情感、情绪或动机所引起的行为反应成分。

2. 态度测量

（1）H·C·林格伦认为态度测量主要是测量态度的方向和强度：方向反映个体对客观内容的好、恶及肯定或否定的态度；强度反映个体对客体的感觉强度的力量或深度。

（2）测量态度的方法：主要有行为观察法（直接观察法）、自由反应法、生理反应法及自我评定法。①行为观察法是观察人们在遇到某事物时所表现出来的行为方式，即观察与态度相关的某事物或事件出现时人们实际上做了些什么或说了些什么，以此来评估人们对某事物的态度。②自由反应法是测定态度的认知成分，要求被试作出自由反应，主要有问卷法、投射法、语句完成法、语词联想法等。③生理反应法是通过测量被试的生理状况来测定其态度，主要测定个体态度的情感因素的强度。④自我评定法是被试对一定项目的自我评定，即对某一客体作一系列的正面和负面的描述。

3. 态度测量与其他人格测量的关系

态度测量可以用来了解某一个体对某些客体、情境、人物等的反应是正性反应还是负性反应及其强度，态度仅仅反映了人格的浅层部分。在实际工作中很难把态度测量与其他的人格测量明确地区别开来。态度测量与人格测量彼此不能刻板地分离，他们之间彼此关联，又有一定的区别。

4. 编制态度量表的一般方法

（1）态度对象的界定：在编制态度量表时，态度的对象应具体而且包含的范围不能太广，以便量表中的所有条目都能反映一个单一的态度特征。

（2）条目库的建立：要求那些对态度对象了解较多的人就他们的信念和观点作出一些描述，描述包括正性的和负性的语气。

（3）条目反应形式：是非项、最同意到最不同意的等级回答以及迫选项目。

二、常用的兴趣量表

（一）斯特朗兴趣量表

斯特朗兴趣量表（strong interests inventory，SII）是在斯特朗职业兴趣调查表和坎贝尔一般兴趣量表（basic interest scale）的基础上修订而发展起来的，该量表是目前国外最流行的职业兴趣测验之一，广泛应用于升学就业指导和职业咨询之中。SII共包括4类量表：第一类是一般职业主题量表，根据霍兰德的职业兴趣理论，将职业兴趣分为现实型、研究型、艺术型、社会型、企业型、常规型，从而构成相应的6个分量表。第二类是基本职业兴趣量表，共包括25个分量表，分为6个基本的职业主题，现实主题包括农业、自然、军事活动、体育活动、机械兴趣；研究主题包括科学、数学、医学；艺术主题包括音乐戏剧、艺术、应用艺术、写作、烹调艺术；社会主题包括教学、社会服务、医疗服务、宗教活动；企业主题包括公共演讲、法律政治、商贸、销售、组织管理；常规主题包括数据管理、计算机活动、办公室服务。第三类是职业量表，共包括211个分量表。第四类是个人风格量表，包括4个分量表，分别用来评价被试在工作类型、学习环境、领导风格以及承担风险／冒险精神方面的偏好。

SII可以从5个方面计分，除了得出上述4类量表的分数外，还提供一套判断测验是否有效的实施指标，包括被试回答或遗漏的题目总数，罕见或不寻常的回答数目，以及量表每个部分中3种选择的选答率等。目前SII的计分只能在出版商指定的计分中心，或通过向出版商购买软件，电脑计分。常模分数采用50为平均数，10为标准差的T分数，可根据被试的 T 分描绘出被试的分数剖面图。

（二）库德兴趣量表（Kuder interest survey）

1. **库德偏好记录 - 职业版**　该量表由 168 个题目组成，共分 10 个分量表，代表了 10 个广泛的兴趣领域，分别是：户外的（outdoor）、机械的（mechanic）、计算的（computational）、科学的（scientific）、劝说的（persuasive）、艺术的（artistic）、文学的（Literary）、音乐的（musical）、社会服务的（social service）、文书的（clerical）。

2. **库德一般兴趣量表**　是作为库德偏好记录 - 职业版的修订版以及适用年龄向下延伸而发展起来的，1963 年出版，后几经修订。KGIS 适用于 6～12 年级的学生。该量表 168 个题目，除包括 10 个兴趣领域量表外，KGIS 加了一个验证量表（verification scale）。验证性量表用来评估被试的作答是否真实坦诚以及是否符合测验要求。KGIS 可评估中学生广泛的职业兴趣领域，更适合作为学生综合职业探索程序中的一个部分来使用，而不适合把它当作单独的职业兴趣测量工具。

3. **库德职业兴趣量表**　库德于 1966 年出版了库德职业兴趣量表，用于高中生及以上的成人。既可用于高中生升学指导，也可用于成人的职业咨询。KOIS 由 100 个题目组成，主要包括 3 类量表：10 个传统的兴趣领域量表、119 个职业量表和 48 个大学主修专业量表（vocational major scale），所有题目依然全部采用 3 项迫选法。

（三）霍兰德自我指导探索量表 SDS

该量表是 1971 年霍兰德根据其职业兴趣理论编制的，自我指导探索量表是一个被试自己施测、自己计分和解释测验结果的职业兴趣量表，可为人们的职业选择提供决策依据。该量表由 228 个题目组成，包括以下 3 个部分。第一部分列出理想职业。要求被试根据自己的经历和感觉，列出自己感兴趣的理想的职业。这一部分主要是为了和后面的测验结果作比较用。第二部分是职业兴趣测量。这一部分包括对活动（activity）（个体喜欢从事的活动）、潜能（competence）（个体在 6 个维度上能干什么）、职业（occupation）（个体喜欢 6 个维度上的哪些职业）、自我评价（self-estimate）（个体对 6 个维度的能力高低自评）四个方面的评定。第三部分确定职业码。具体方法如下：把被试在活动、潜能、职业和自我评价 4 个方面的测试上所有作肯定回答的题目按 6 种类型统计总分，分数最高的类型，表示被试具有该类型的典型职业兴趣特征。取分数较高的 3 个类型由高到低依次排列，把代表它们的字母依次排列，便构成三字母职业码。

（四）生涯评估量表

生涯评估量表是由琼汉森（C. B. Johansson）于 20 世纪 70 年代开始编制的。目前 CAI 包括两个版本：生涯评估量表 - 职业版（career assessment inventory-the vocational version，CAI-VV）和生涯评估量表 - 提高版（career assessment inventory-the enhanced version，CAI-EV）。

（五）杰克逊职业兴趣调查表

杰克逊职业兴趣调查表是由杰克逊（D. N. Jackson）于 1977 年编制的。JVIS 最终版本共包括 34 个基本兴趣量表，代表了 26 种工作角色和 8 种工作风格。8 个工作风格量表分别是：支配领导的（dominant leadership）、工作安全的（job security）、持久顽强的（stamina）、负责任的（accountability）、学术成就的（academic achievement）、独立的（independence）、有计划的（planfulness）、人际信任的（Interpersonal confidence）。

三、常用的态度量表

(一)Thurstone 态度量表

1. **理论假设** 态度是一个可评价的连续体,是一种移行的过程,从最赞同移行到最不赞同。项目之间的距离大致相等,各项目之间没有相关性,每个项目与其他项目之间相互独立,也就是说,个体接受其中的一个项目并不代表接受其他的项目。

2. **编制步骤** ①条目的收集。第一步,收集大量的条目;第二步,条目评审;第三步,计算量表值。②条目筛选。条目的选择要使变异尽可能的小,并且有较广的量表值范围以及使量表中的两点间隔尽量相等。③量表结果分析。

3. **评价** 优点:能清楚地反映被试的态度是正性还是负性以及其强度,经过这种程序编制出来的量表(工具)具有相当高的信度且结果易于解释。不足:①用这一方法编制一个量表,其工作量相当大。②被试的量表分不是独一无二的。③评判员本身的态度会影响每一陈述的量表值。

(二)Likert 态度量表

1. **理论假设** 每个用在量表中的项目在相同态度范围内是一种线性关系,可以通过累积的方法来进行评价。量表中的项目必定与最终结果有高度的相关,项目与项目之间也有很高的相关。

2. **评价** 优点:①编制过程中不需要专家评判员的参与,因而不会有评判偏差的可能性,量表编制起来较容易。②尽管量表的各条目分与量表总分显著相关,但各条目并不一定与被试的态度有很密切的关系。③同样条目数的量表,Likert 量表的信度系数可能要高些。不足:不同的回答模式,不同的人可能获得同样的量表分。

(三)Guttman 态度量表

1. **理论假设** 当项目构成一个真正的、单一维度的 Guttman 量表时,被试同意某一特定项目时,他也会同意比该项目量表值稍低的其他项目。

2. **量表的特点** 优点:能更有效地测量单一态度或单位的变量。不足:需多个量表才能完整地测出人们对某一感兴趣现象的全方位的态度。

(四)其他态度测量技术

1. **语义区分技术** 确定了评价维度、力度维度、活动维度 3 个维度。每一维度中都有几个有两极的形容词,3 个维度是不变的,维度中的项目是可变的。

2. **分类技术** 要求被试把一系列描述性的陈述分配到不同的类别组里,这些类别组所代表的意义,从"最能代表评定者自己或熟人的特征"到"最不能代表评定者自己或熟人的特征",程度依次递减。

3. **层面分析** 是一个复杂的、重要的并且多维度的条目结构与分析程序,可用于任何的态度对象或情境。

(五)态度测验在我国的发展

1. **性态度量表中文版** 包括与性价值观、性道德观、生育观和社会家庭影响等相关的问题,用来测查 12 岁至 20 岁的青少年的性态度特征。

2. **青春期性心理健康量表** 共 46 个条目,包括性认知、性价值观和性适应 3 个分量表。

3. **其他态度测验**　①计算机厌恶、态度、熟悉度问卷中文版,包含 3 个因子,计算机厌恶、计算机态度和计算机熟悉度,用于评估计算机的焦虑、态度等方面的问题。②临床医生精神疾病态度量表中文版,用于评估中国社区精神卫生工作者对待精神疾病的态度。③中学生学习态度测验,包括情感体验、行为倾向、认知水平 3 个分量表,可评估中学生的学习态度现状。④医学生沟通技能态度量表中文版,包括 5 个因子,可用于监测医学院校中医学生们对于沟通技能学习的态度变化。

四、兴趣量表与态度量表的应用

(一)兴趣量表的应用

随着职业指导和咨询在许多发达国家的发展和普及,职业测验已成为心理测验中非常重要的一个领域。无论是在为人择职的职业指导,还是在为职择人的职业选拔和安置,职业测验都是不可或缺的工具。职业兴趣测验是专门为职业决策的需要而发展起来的一类测验,所以它在职业决策中起着重要的作用。

(二)态度测验的应用

1. **态度测验在了解健康行为中的应用**　用于评估人们对某些与健康有关的行为的态度,包括对生活方式(吸烟、饮酒、锻炼等)、对某些危险行为等的态度。

2. **态度测验在民意调查中的应用**　通过民意调查可以为政治、管理、经济决策等方面提供重要的参考信息。

3. **态度测验在管理调查中的应用**　态度测量可用于调查对各种管理活动的态度和意见。

4. **态度测验在教育系统中的应用**　态度测量可用于评估儿童或学生对学校教学计划中各门课程的态度,对学习习惯及学习态度进行评估。

习　题

一、名词解释

1. 兴趣

2. 职业兴趣

3. 库德兴趣量表

4. 霍兰德自我指导探索量表

5. 态度

6. 态度的平衡理论

二、单项选择题

1. 孙膑受刖刑后并没有消沉而是用计逃至齐国并完成复仇,解释这一典故的职业兴趣理论是(　　)。

    A. 社会认知学派　　　　B. 精神动力理论　　　　C. 职业兴趣类型论

    D. 行为学习论　　　　　E. 人本理论

2. 有强烈攻击倾向的人可能对警察、消防官兵等职业感兴趣, 这一机制是(　　)。

    A. 投射　　　　　　　　　B. 反向形成　　　　　　　C. 认同

    D. 升华　　　　　　　　　E. 合理化

3. 偏好进行系统而创造性探究的个体属于(　　)。

    A. 现实型　　　　　　　　B. 艺术型　　　　　　　　C. 研究型

    D. 社会型　　　　　　　　E. 常规型

4. 根据霍兰德 RIASEC 理论相关程度最高的类型是(　　)。

    A. RI　　　　　　　　　　B. RA　　　　　　　　　　C. RS

    D. RE　　　　　　　　　　E. RJ

5. 根据霍兰德 RIASEC 理论相关程度最低的类型是(　　)。

    A. RI　　　　　　　　　　B. RA　　　　　　　　　　C. RS

    D. RE　　　　　　　　　　E. RO

6. 偏好具体有形的实物及各种修理工作的个体属于(　　)。

    A. 现实型　　　　　　　　B. 艺术型　　　　　　　　C. 研究型

    D. 社会型　　　　　　　　E. 常规型

7. 善于处理人际关系和社会服务活动的个体属于(　　)。

    A. 现实型　　　　　　　　B. 艺术型　　　　　　　　C. 研究型

    D. 社会型　　　　　　　　E. 常规型

8. 由 Bogardus E. 创立的第一个态度量表是(　　)。

    A. 对死刑的态度评定量表　　　　　　　　B. 对数学的态度量表

    C. 社会距离量表　　　　　　　　　　　　D. 大学生对统计学知识的态度测量

    E. 汽车态度量表

9. 被称之为态度量表之父的是(　　)。

    A. Bogardus E.　　　　　　B. Thurstone LL.　　　　　C. Guttman L.

    D. Likert R.　　　　　　　E. Osgood CE.

10. Likert R.(1932)提出了一种有别于 Thurstone 态度量表的量表编制方法, 被称之为(　　)。

    A. 间隔相等法　　　　　B. 成对比较法　　　　　C. 总加评定法

    D. 强度分析法　　　　　E. Q 分类技术

11. Guttman L. 提出了第三种态度测量的方法, 称之为(　　)。

    A. 间隔相等法　　　　　B. 成对比较法　　　　　C. 总加评定法

    D. 强度分析法　　　　　E. Q 分类技术

12. 1953 年发明 Q 分类技术是(　　)。

    A. Thurstone LL.　　　　　B. Stephenson W.　　　　　C. Bogardus E.

    D. Likert R.　　　　　　　E. Osgood CE.

13. 兴趣测验得分对职业选择预测更加有效的社会阶层是(　　)。

    A. 农民阶层　　　　　　B. 工人阶层　　　　　　C. 中产阶层

    D. 管理阶层　　　　　　E. 领导阶层

14. 个体高级兴趣建立在(　　)的基础上。

    A. 生理性需要　　　　　B. 生物性需要　　　　　C. 社会性需要

D. 低级需要   E. 高级需要

15. 张厚粲认为我国高中生特有的职业兴趣的类型是( )。
  A. 艺术型   B. 事务型   C. 管理型
  D. 自然型   E. 常规型

16. 斯特朗编制的量表是( )。
  A. SII   B. KOIS   C. SDS
  D. VPI   E. CAI

17. 库德编制的量表是( )。
  A. SII   B. KOIS   C. SDS
  D. VPI   E. CAI

18. 琼汉森编制的量表是( )。
  A. SII   B. KOIS   C. SDS
  D. VPI   E. CAI

三、多项选择题

1. 霍兰德 RIASEC 理论包括的类型有( )。
  A. 常规型   B. 艺术型   C. 企业型
  D. 社会型   E. 科学型

2. 态度三因素的具体含义是( )。
  A. 认知因素   B. 人格因素   C. 意向因素
  D. 环境因素   E. 情感因素

3. Thurstone 在 20 世纪 30 年代晚期开始使用( )来测量人们对某事的态度水平。
  A. 间隔相等法   B. 总加评定法   C. 成对比较法
  D. 强度分析法   E. 层面分析法

4. 其他量表编制技术和程序已应用于态度量表的编制之中,其中主要包括( )。
  A. 间隔相等技术 B. 语义区分技术 C. 层面分析
  D. Q 技术   E. 总加评定技术

5. 语义区分量表确定的三个不同的维度是( )。
  A. 力度维度   B. 评价维度   C. 认知维度
  D. 活动维度   E. 层面维度

6. 青春期性心理健康分量表包括( )。
  A. 性价值观   B. 性认知   C. 性取向
  D. 性适应   E. 性偏好

7. Lindgren HC.认为态度测量主要是测量态度( )。
  A. 方向   B. 有无   C. 强度
  D. 广度   E. 维度

8. 影响兴趣测验效度的因素有( )。
  A. 说谎与作假   B. 社会赞许   C. 反应定势
  D. 社会经济地位 E. 个性倾向

9. 兴趣的品质是( )。

    A. 兴趣的倾向性　　　　B. 兴趣的广泛性　　　　C. 兴趣的持久性

    D. 兴趣的效能性　　　　E. 兴趣的情景性

10. 兴趣的双重性包括(　　　)。

    A. 认知特性　　　　　　B. 个性特性　　　　　　C. 情绪特性

    D. 社会特性　　　　　　E. 主观能动性

11. 非人际定向的个体倾向于选择(　　　)。

    A. 技术类职业　　　　　B. 科学类职业　　　　　C. 户外类职业

    D. 服务类职业　　　　　E. 艺术类职业

12. 人际定向的个体倾向于选择(　　　)。

    A. 技术类职业　　　　　B. 艺术类职业　　　　　C. 娱乐类职业

    D. 服务类职业　　　　　E. 科学类职业

13. 兴趣的评估方法包括(　　　)。

    A. 兴趣表达　　　　　　B. 行为观察　　　　　　C. 兴趣量表

    D. 投射法　　　　　　　E. 他人陈述

14. 兴趣测验的编织技术包括(　　　)。

    A. 经验效标法　　　　　B. 同质性方法　　　　　C. 理论法

    D. 实验法　　　　　　　E. 区分效度

15. 测定一个人对某一客体的态度可采用不同的方法,现在通用的测量态度的方法主要有(　　　)。

    A. 行为观察法　　　　　B. 自由反应法　　　　　C. 生理反应法

    D. 自我评定法　　　　　E. 综合评定法

16. 库德编制的职业兴趣量表有(　　　)。

    A. SII　　　　　　　　　B. KOIS　　　　　　　　C. SDS

    D. VPI　　　　　　　　　E. KGIS

17. 霍兰德编制的职业兴趣量表有(　　　)。

    A. SII　　　　　　　　　B. SSEF　　　　　　　　C. SDS

    D. VPI　　　　　　　　　E. KGIS

四、问答题

1. 简述霍兰德 RIASEC 职业兴趣类型理论。

2. 简述兴趣测验的编制策略。

3. 简述兴趣评估的方法。

4. 简述安妮·罗的职业兴趣理论。

5. 简述张厚粲等关于我国中学生的职业兴趣类型划分。

6. 简述霍兰德自我指导探索量表 SDS 的优点。

7. 简述职业兴趣测验的应用。

8. 简述态度三因素的具体含义。

9. 简述态度测量的方法。

10. 简述态度量表的编制策略。

11. 简述 Thurstone 态度量表的理论假设。

12. 简述对 Thurstone 态度量表的评价。

13. 简述 Likert 态度量表的理论假设。

14. 简述对 Likert 态度量表的评价。

15. 简述 Guttman 态度量表的理论假设。

16. 青春期性心理健康量表包括哪些分量表？

17. 简述性态度量表中文版。

18. 简述态度测验的应用。

参 考 答 案

一、名词解释

1. 兴趣：是指个体力求认识、探究某种事物或从事某种活动的心理倾向，它表现为个体对某种事物或从事某种活动的选择性态度和积极的情绪反应。

2. 职业兴趣：是指个体表现在职业活动中的兴趣，表现为个体对某种职业活动表现出肯定的态度，并积极探索和追求。

3. 库德兴趣量表：是由库德编制的包括职业兴趣量表和一般量表等三个量表，适用于升学指导和职业兴趣咨询。

4. 霍兰德自我指导探索量表：是 1971 年霍兰德根据其职业兴趣理论编制的，自我指导探索量表是一个被试自己施测、自己计分和解释测验结果的职业兴趣量表，可为人们的职业选择提供决策依据。

5. 态度：是个体对某一客体、情境、机构或人物做出习得性正面（积极的）或负面（消极的）反应的倾向。

6. 态度的平衡理论：由 Heide F. 于 1958 年提出，认为人们普遍地有一种平衡、和谐的需要。一旦人们在认识上有了不平衡和不和谐性，就会在心理上产生焦虑，从而促使人们趋向于调整自己和他人的关系使得自己的内心感到平衡。

二、单项选择题

1. B　　2. D　　3. C　　4. A　　5. C　　6. A　　7. D　　8. C　　9. B　　10. C

11. D　　12. B　　13. B　　14. C　　15. D　　16. A　　17. B　　18. E

三、多项选择题

1. ABCD　　2. ACE　　3. AC　　4. BCD　　5. ABD　　6. ABD

7. AC　　8. ABCD　　9. ABCD　　10. AC　　11. ABC　　12. BCD

13. ABC　　14. ABC　　15. ABCD　　16. BE　　17. CD

四、问答题

1. 简述霍兰德 RIASEC 职业兴趣类型理论。

答：霍兰德在其长期的职业指导和咨询实践的基础上认为个体的职业兴趣就是个体的

人格体现,兴趣是人和职业匹配过程中最重要的人格因素。大多数人的职业兴趣(人格类型)可以归纳为现实型、研究型、艺术型、社会型等六种类型。每一种职业兴趣类型均有其不同的特点,人们将其简称为 RIASEC 理论。

2. 简述兴趣测验的编制策略。

答:(1)经验效标法,以经验效标法编制兴趣量表,测验项目的选择是以经验效标为标准,而不是理论基础。也就是说,测验项目的选择是以实证资料为依据,重视项目的区分度即只保留那些能够将效标组与控制组区分开的项目来构成量表。

(2)同质性方法,以同质性方法编制兴趣量表,注重对职业兴趣间的同质性分析,强调量表的同质性。将测验项目施测与一组被试,将那些相关高的项目组织在一起,构成一个具有某种共同特性的同质性量表,量表中的所有题目在内容上有很高的一致性。

(3)理论法,以理论法编制兴趣量表,是以某种兴趣理论为基础,严格按照理论构想来确定量表的结构,编写和安排量表的项目。

3. 简述兴趣评估的方法。

答:收集个体兴趣的有关信息,对个体的兴趣进行评估,主要有以下三种方法。

(1)兴趣表达:这是收集个体兴趣信息的最简单、最直接的方法,即直接询问被试对什么事物、活动、职业等感兴趣,用语言表达出他对什么感兴趣,对什么不感兴趣,对被试表达的兴趣进行评估。这一方法直接指向评估目标,对收集被试有关喜欢或不喜欢的信息是有效的。在霍兰德编制的兴趣量表中,第一部分就是采用了兴趣表达的方法,让被试列出他喜欢并憧憬的职业。

(2)行为观察:这是一种对被试在活动中表现出来的兴趣进行评估的方法。即通过观察个体在不同情境中的行为,来推测其兴趣。这种方法的假设是,个体对倾向于参加或从事他喜欢的、能为他带来满足的活动或职业。

(3)兴趣量表:这是以一种编制的标准化的兴趣量表来评估兴趣的方法。国际上有许多标准化的兴趣量表可供使用,兴趣量表是一种最科学、使用最广泛的兴趣评估方法。

4. 简述安妮·罗的职业兴趣理论。

答:安妮·罗通过对物理学家、生物学家和社会学家等不同领域的专家进行人格研究发现,不同领域的专家在对人或对物的兴趣上存在明显差异,对人有强兴趣的个体会选择人际定向的职业环境,诸如一般文化、艺术、娱乐、服务及商业接触等职业;而对物有强兴趣的个体会选择诸如科学研究、户外及技术等非人际定向的职业。职业兴趣分为艺术与娱乐类、服务类、商业接触类、组织类、技术类、户外类、科学类、一般文化类等八类。

5. 简述张厚粲等关于我国中学生的职业兴趣类型划分。

答:张厚粲等人通过研究提出了我国当代高中生的职业兴趣的类型,他们认为,我国当代高中生的职业兴趣类型可以分为 7 种,分别为艺术型、事务型、经营型、研究型、社会型、技术型、自然型,并详细描述了每种类型的特点。

6. 简述霍兰德自我指导探索量表 SDS 的优点。

答:(1)该测验编制有很好的理论做基础;

(2)该测验具有良好的信度和效度;

（3）受测者可以自己施测、自己计分和解释结果；

（4）几乎涵盖了美国所有常见的职业；

（5）花费少，经济高效。

7. 简述职业兴趣测验的应用。

答：（1）职业兴趣测验在职业选择中的应用：职业兴趣作为职业满意度和维持职业稳定性的一个重要指标，在个体的职业活动中起着重要作用。

（2）职业兴趣测验在人员的选拔和安置中的应用：人力资源管理的一项重要工作就是挖掘员工的工作潜能，提高员工的工作绩效，同时让员工工作内容更加丰富，从更适合自己、更具挑战性的工作中获益，组织和员工达到双赢。

8. 简述态度三因素的具体含义。

答：（1）认知因素，指个体对态度对象，包括某一特殊事物、情境、机构或人的思想、信念与知识，尤其是伴有评价的信念的认知成分。

（2）情感因素，指个体对于态度对象的好意或恶意等情感与情绪成分。

（3）意向因素，指个体对态度对象的接受或拒绝，接近或回避及其程度等，是由于个体的情感、情绪或动机所引起的行为反应成分。

9. 简述态度测量的方法。

答：（1）行为观察法，是观察人们在遇到某事物时所表现出来的行为方式，即观察与态度相关的某事物或事件出现时人们实际上做了些什么或说了些什么，以此来评估人们对某事物的态度。

（2）自由反应法，是测定态度的认知成分，要求被试作出自由反应，主要有问卷法、投射法、语句完成法、语词联想法等。

（3）生理反应法，是通过测量被试的生理状况来测定其态度，主要测定个体态度的情感因素的强度。

（4）自我评定法，是被试对一定项目的自我评定，即对某一客体作一系列的正面和负面的描述。

10. 简述态度量表的编制策略。

答：（1）态度对象的界定：在编制态度量表时，态度的对象应具体而且包含的范围不能太广，以便量表中的所有条目都能反映一个单一的态度特征。

（2）条目库的建立：要求那些对态度对象了解较多的人就他们的信念和观点作出一些描述，描述包括正性的和负性的语气。

（3）条目反应形式：是非项、最同意到最不同意的等级回答以及迫选项目。

11. 简述 Thurstone 态度量表的理论假设。

答：态度是一个可评价的连续体，是一种移行的过程，从最赞同移行到最不赞同。项目之间的距离大致相等，各项目之间没有相关性，每个项目与其他项目之间相互独立，个体接受其中的一个项目并不代表接受其他的项目。

12. 简述对 Thurstone 态度量表的评价。

答：优点：能清楚地反映被试的态度是正性还是负性以及其强度，经过这种程序编制出来的量表（工具）具有相当高的信度且结果易于解释。不足：①用这一方法编制一个量表，其工作量相当大。②被试的量表分不是独一无二的。③评判员本身的态度会影响每一陈述的量表值。

13. 简述 Likert 态度量表的理论假设。

答：每个用在量表中的项目在相同态度范围内是一种线性关系，可以通过累积的方法来进行评价。量表中的项目必定与最终结果有高度的相关，项目与项目之间也有很高的相关。

14. 简述对 Likert 态度量表的评价。

答：优点：①编制过程中不需要专家评判员的参与，因而不会有评判偏差的可能性，量表编制起来较容易。②尽管量表的各条目分与量表总分显著相关，但各条目并不一定与被试的态度有很密切的关系。③同样条目数的量表，Likert 量表的信度系数可能要高些。不足：不同的回答模式，不同的人可能获得同样的量表分。

15. 简述 Guttman 态度量表的理论假设。

答：当项目构成一个真正的、单一维度的 Guttman 量表时，被试同意某一特定项目时，他也会同意比该项目量表值稍低的其他项目，这样的量表即是一个完善的量表。

16. 简述青春期性心理健康量表包括哪些分量表。

答：包括性认知、性价值观和性适应 3 个分量表。

17. 简述性态度量表中文版。

答：包括与性价值观、性道德观、生育观和社会家庭影响等相关的问题，用来测查 12～20 岁的青少年的性态度特征。采用 Likert 式 5 分结构，总分从 13～65 分，得分越高反映青少年对性的态度更为开放。是深入探讨中国青少年的性态度与性行为、性健康之间关系的有效工具。

18. 简述态度测验的应用。

答：(1)态度测验在教育系统中的应用：态度测量可用于评估儿童或学生对学校教学计划中各门课程的态度，对学习习惯及学习态度进行评估。

（2）态度测验在了解健康行为中的应用：用于评估人们对某些与健康有关的行为的态度，包括对生活方式（吸烟、饮酒、锻炼等）、对某些危险行为等的态度。

（3）态度测验在民意调查中的应用：通过民意调查可以为政治、管理、经济决策等方面提供重要的参考信息。

（4）态度测验在管理调查中的应用：态度测量可用于调查对各种管理活动的态度和意见。

（曹运华　苏俊鹏　栾树鑫）

第八章 成就测验

学 习 目 标

1. **掌握** 成就测验的概念；成就测验、能力测验与能力倾向测验的关系；成就测验的分类；韦氏个别成就测验、大都会成就测验；成就测验在教育、临床领域的应用。
2. **熟悉** 成就测验的编制方法；语文学科单项成就测验和数学学科单项成就测验。
3. **了解** 成就测验的简史；成就测验的各种测量学指标；成就测验在各领域应用时应注意的问题。

重点和难点内容

一、成就测验的理论基础

（一）成就及成就测验

1. 成就的概念 成就是指经过一定的学习和训练所获得的知识和技能，它是在一个比较明确的、相对限定的范围内的学习效果。

2. 成就测验、能力测验与能力倾向测验的关系 成就测验、能力测验与能力倾向测验三者之间既有区别，又有联系。

其区别主要表现在以下 3 个方面：首先，测验目的不同。成就测验测量的是一些特定的、限定于某一范围的能力和知识，是对学习和训练效果的测量，涉及相对限定的学习经验，以过去或当前为参照标准；能力与能力倾向的测验目的则为一般性的、较为广泛的能力。能力测验涉及广泛的学习经验并以现在为参照标准；能力倾向测验涉及广泛的学习经验但以未来为参照标准。其次，功能不同。成就测验和能力测验都是描述现状；而能力倾向测验是用来预测将来学会什么和能做什么。再次，测量方法不同。成就测验是一种相对直接的测量，而智力或其他心理特质只能通过间接方法测量，以及通过对被试的某种表现或成绩来进行推测。

需要说明的是三者的区别是相对的，三者之间联系紧密：首先，在测验目的上三者都属于最高作为测验。其次，在测验内容上，三者存在彼此的交叉和重叠。再次，在测验功能上，三者都可用来做显示性测验和预测性测验，均可作为将来工作或成就的预测源。能力测验、能力倾向测验和成就测验的相似多于区别。

（二）成就测验的简史

1. 中国成就测验的历史和现状 中国是最早使用纸笔考试的国家。科举考试延续了1300年，是当时世界上规模最大、影响最大、由国家组织的成就测验。清朝末年西方现代的测量理论和技术传到我国。1952年，中国建立起来全国统一高等学校招生制度（即高考），1977年恢复高考后，成就测验有了较快的发展，其中最突出的就是高考、全国计算机等级考试和大学英语等级考试。此外20世纪80年代以后大陆学者和台湾学者新编制了一些成就测验。

2. 西方成就测验的发展 19世纪中叶以前，评价学生成就的唯一方法是口试。19世纪中叶，美国波士顿的教育家Mann H认为更客观的成就测量需要以笔试的方式统一实施和评分。第一个客观的成就测验是1864年由Fisher G编制的书法量表（handwriting scale），之后标准化成就测验的先驱者Rice JM于1895年首次基于标准化样本编制了一个客观的拼写测验（有复本）用于调查学生拼写能力。20世纪早期，在教育测验运动之父桑代克（Thorndike EL）的指导和推动下，许多标准化成就测验问世。1923年第一个标准化的成套成就测验《斯坦福成就测验》出版。20世纪30年代至今，经典成就测验不断修订新的版本、新编的成就测验不断增多、新的测评技术不断在成就测验领域应用和推广。目前MMY-15中收录的成就测验共计606种，占所有18类心理测验总数的18.39%。

3. 成就测验的分类

（1）按测量学特征：成就测验可分为标准化成就测验和非标准化测验。

（2）按测验内容：可分为成套成就测验和单项成就测验。

（3）按内容和施测人数：可分为团体成就测验、个人成就测验和可团体或可个别施测的有针对性的成就测验。

（4）按反应方式：成就测验可分为操作测验和纸笔测验。纸笔测验又可分为再认式和回忆式两类。

（5）按分数解释的方法：可分为标准参照测验和常模参照测验。

（6）按测验的功能：可分为调查测验、水平测验、预测性测验、诊断性测验和准备性测验。

（7）按测验的用途：可分为形成性测验和总结性测验。

（8）按适用年龄：可分为一般成就测验和广泛成就测验。

4. 成就测验的编制 成就测验与其他心理测验编制都包括确定测验目的、编制试题、测验编排与预测、标准化、编写测验手册等几个方面。

（1）确定测验目的：成就测验的目的为测量经过学习或培训后的学业成就。其测验对象一般为学生或准备入学学生；测验用途和功能主要用于教育评价；测验的目标即经过学习后应该具有的学业成就水平，包括识记、领会、运用、分析、综合、评价6个层次，往往根据教学大纲进行确定。

（2）编制试题：编制试题首先需要拟定项目编制计划，列出双向细目表。然后根据命题的一般原则在编制计划和双向细目表的框架下编写试题，确定项目内容、选择题型、提供标准答案与评分细则。

（3）测验编排与预测：测验的编排与合成需要充分审定试题，考虑题目内容对测验目标的拟合程度，结合预测和项目分析结果充分考虑题量、难度、题型特征与考核目标。

（4）标准化：标准化成就测验应确保每一个受测者在同样的情境和施测过程中接受同

样的测验题目(或等值题目),并接受统一标准的客观评分。

(5)编写测验手册:指导手册的内容包括测验目的与功用、选材依据、测验的基本特征、实施方法、标准答案和评分以及常模资料等。

二、常用的成套成就测验

(一)韦氏个别成就测验(WIAT)

韦氏个别成就测验的适用对象为5~19岁的儿童和青少年,其测验功能为诊断学习障碍,内容和结构包括4个领域及8个分测验。每一个分量表和组合分都可以有5个类型的常模形式:标准分、百分等级、年龄当量、常模曲线当量和标准九分。阅读、数学、语言和写作4个组合分,都分别有2个分量表构成。3个筛选组合分和总量表分都可以由它们所涵盖的分量表分计算而获得。年龄或年级的标准分的计算,平均分为100,标准差为15。常模样本为4252名5~19岁的在校学生。WIAT信度、效度资料充分:WIAT手册中提供了许多信度资料,以年龄和年级为基础的分半信度超过0.80;WIAT在内容效度方面也做了大量的工作。

(二)斯坦福成就测验(SAT)

斯坦福成就测验适用于团体的成就测验。这是最早的综合成就测验,于1923年出版。以后经过数次修订,编制者为加德纳(E. F. Gardner)等人。其编制的目的是测量"中、小学课程所达到的结果",即那些重要的知识和技能。该测验包括斯坦福学习技能测验(SESAT,第2版)、斯坦福成就测验(第7版)和斯坦福学习技能测验(TASK,第2版),测量阅读、语言、数学等领域的基本技能,年龄范围从幼儿园到高中毕业生。

(三)大都会成就测验(MAT)

大都会成就测验的适用对象为幼儿园至12年级,其测量目的为对学生学习的知识和教学质量进行评估以及对学习障碍和特殊学习技能进行诊断。内容和结构涉及多水平、多领域;包括调查、诊断、写作。常模样本为1992年春季1万名学生;秋季7万9千名学生。其常模分数的形式和分数解释系统有:量表分、百分位、年级等值分、正态曲线等值分、功能性阅读水平、内容聚类的成绩分类、水平陈述、预测学业能力倾向测验和美国大学测验的成绩范围,以及成就-能力比较等。在信度、效度方面,手册中有三种形式的内部一致性信度。测验中14个水平的副本、KR-20和KR-21信度系数一般都超过0.80,测验的信度可以满足团体报告和筛选的要求,但不能用于对个人作决定;效度方面,内容效度方面,MAT7的作者要求测验与当前的学校课程相匹配。作者还尽可能地降低项目的文化偏差。其他效度检验还有待于进一步考验。

(四)单项成就测验

单项成就测验能够弥补成套成就测验的不足,对某一学科的学习情况进行深入的了解。首先,单项成就测验可以调查和显示学龄学生在某一科课程上所获得的成就,辅助教学过程。其次,可用于鉴别和筛查学习困难儿童。再次,单项成就测验可以为教育与发展心理学研究提供必要的测评工具,了解学生学习规律和发展特点,为教育实验效果和儿童学业发展提供必要评估。目前单项成就测验主要有语文学科测验、数学学科测验、外语学科测验、艺术学科测验等。目前常用的单项成就测验有:斯坦福诊断性阅读测验、阅读诊断筛查测验、书面语言测验、关键数学算术诊断测验、早期数学测验、早期数学能力诊断等。

三、成就测验的应用

1. 在教育领域的应用 成就测验主要用于教育领域。它在教育上主要表现为：反馈、评价、区分与诊断三方面功能。

（1）反馈功能：成就测验的分数可以作为反馈信息，调节着师生双方教与学的活动。成就测验的得分可以作为反馈信息，调节教师的教学活动。在某一教学阶段开始前的成就测验，能使教师了解学生对完成本阶段学习任务的智力、知识和技能的准备情况，为教育目标和教学计划提供依据。在教学过程中的检查测验，能使教师了解学生对有关知识、技能的掌握情况，发现学生的学习具体困难，以便及时发现教和学中的问题，从而调整教学内容，改进教学方法。在某一教学阶段终了后的总结测验，能使教师了解教育目标是否达到，了解学生综合应用和迁移知识、技能的能力，同时为制定新的教育目标提供依据。

（2）评价功能：成就测验的评价功能主要可表现为三个方面：第一，摸清学生的学习和发展状况，这是因材施教的前提。任何一种成功的教育，都是建立在对学生已有的学习和发展状况了解基础之上的。第二，在教育过程中的不同阶段进行评价与检验。比如在单元、期中、期末学习后，为了检验教育工作的好坏，可以通过成就测验对教育过程中的每一环节进行检验。第三，对教育思想、教育理念、新的教育技术等效果进行评价。教育需要不断的创新、不断的改革才有生命力，为了不断地提高教育工作水平，进行各种教育研究是必不可少的，通过成就测验来对学生的学习进行检验，从而检验新的理念、新的技术是否真正具有良好的效果。

（3）区分与诊断功能：成就测验可用于区别学生之间、学生群体之间的成就水平差异，还可以描述或诊断出某一学生在不同学科发展上的优势和弱势，以便因材施教。

2. 在临床上的应用 成就测验在临床中有两个重要的用途：学习障碍的诊断和神经心理功能评定。

习 题

一、名词解释

1. 成就

2. 成就测验

3. 标准参照成就测验

4. 形成性成就测验

5. 关键数学算术诊断测验

二、单项选择题

1. 个人通过学习和训练所获得的知识、学识和技能是（   ）。

    A. 能力   B. 成就   C. 能力倾向

    D. 智商   E. 成就倾向

2. 成就是在( )基础上,经过后天教学或训练后,所获得的知识和技能。
   A. 智力和人格　　　　　　B. 能力和学业兴趣　　　　C. 能力和能力倾向
   D. 能力和智力　　　　　　E. 能力倾向和学业兴趣

3. 关于成就测验、能力测验、能力倾向测验的区别描述正确的是( )。
   A. 测验目的不同,成就测验主要测量经过学习和训练的效果
   B. 测验功能不同,成就测验只描述个体学业绩效现状
   C. 测验方法不同,能力倾向测验是直接测量,是预测测验
   D. 测验方法不同,成就测验是间接测量,是预测测验
   E. 测量功能不同,能力倾向测验只预测个体未来能力表现

4. 关于成就测验、能力测验、能力倾向测验的联系描述**错误**的是( )。
   A. 测验目的相似,都反映教育水平
   B. 测量目的相似,都是反映个体能力水平
   C. 测量功能相似,都可以作为预测性测验
   D. 测量内容相似,都受经验的影响
   E. 测量功能相似,都可以作为显示性测验

5. 第一个客观的成就测验是( )。
   A. 书法量表　　　　　　　B. 拼写测验　　　　　　　C. 阅读测验
   D. 数学测验　　　　　　　E. 斯坦福成就测验

6. 标准化成就测验的先驱者是( )。
   A. Stone　　　　　　　　B. Rice　　　　　　　　　C. Horace Mann
   D. Thorndike　　　　　　E. Gardner EF

7. 小学生国文毛笔书法量表算是我国标准化成就测验的开端,它的编制者是( )。
   A. 艾伟　　　　　　　　　B. 陆志伟　　　　　　　　C. 俞子夷
   D. 龚耀先　　　　　　　　E. 陈鹤琴

8. 关于成就测验的发展历史以下说法**不正确**的是( )。
   A. 中国的科举考试曾是世界上使用延续时间最长、使用范围最广泛的成就测验
   B. 科举制度废除后我国的现代成就测验发展缓慢
   C. 成就测验是目前使用最广泛的测验之一
   D. 教育测量学家桑代克编制了第一个标准化的成就测验
   E. 第一个基于标准化样本的测验是拼写测验

9. 关于成就测验描述正确的一项是( )。
   A. 成就测验都是团体测验,集中施测　　　B. 成就测验大部分是成套测验
   C. 成就测验很少有常模参照测验　　　　　D. 成就测验都是标准化测验
   E. 教师自编测验也属于成就测验

10. 关于标准化成就测验描述正确的一项是( )。
    A. 非标准化成就测验不是指在心理与教育测量学原理指导下编制的
    B. 非标准化成就测验的分数没有预测作用
    C. 信度和效度越高测验实施过程中的标准化程度越高
    D. 标准化成就测验对测量误差做了严格控制
    E. 凡是根据测验编制的规范化程序编制的都是标准化成就测验

11. 关于成就测验描述正确的一项是( )。

    A. 常模参照测验就是标准化成就测验

    B. 标准化成就测验就是标准参照成就测验

    C. 标准参照成就测验可以具有常模

    D. 常模参照测验不一定经过标准化

    E. 标准参照成就测验一定是标准化成就测验

12. 我国的高考属于( )。

    A. 能力测验   B. 成就测验   C. 智力测验

    D. 能力倾向测验   E. 学科兴趣测验

13. 我国的高考用来考查学生是否达到高等中学学习要求的能力测验,按照成就测验功能划分,上述描述中高考应该属于( )。

    A. 预测性测验   B. 预备性测验   C. 调查测验

    D. 诊断性测验   E. 水平测验

14. 我国的计算机等级考试属于( )。

    A. 能力测验   B. 职业兴趣测验   C. 智力测验

    D. 能力倾向性测验   E. 成就测验

15. 我国中小学各自进行的期中期末考试**不属于**( )。

    A. 总结性测验   B. 形成性测验   C. 教师自编测验

    D. 标准化成就测验   E. 标准参照成就测验

16. 关于成就测验的编制正确的一项( )。

    A. 成就测验必须进行标准化

    B. 成就测验必须要有信度和效度

    C. 成就测验都具有标准分常模

    D. 成就测验编写可以不符合心理测验编制原则

    E. 成就测验编制必须符合教育与心理测量的一般编制原则

17. 成就测验的信度系数一般都在( )。

    A. 0.85 以下   B. 0.85 以上   C. 0.65 ~ 0.85 之间

    D. 0.80 ~ 0.90 之间 E. 0.90 以上

18. 成就测验更重视( )。

    A. 结构效度   B. 内容效度   C. 效标效度

    D. 表面效度   E. 内部一致性

19. 关于斯坦福成就测验(Stanford Achievement Test),下列描述**错误**的是( )。

    A. 斯坦福成就测验是适用于团体的成就测验

    B. 测量的内容是公认的重要的知识与技能

    C. 主要包含的分测验有学习技能、阅读理解、词汇、听力理解、拼读、语言、数概念、数学运算和数学应用等

    D. 适用的年龄范围为小学及初中生

    E. 斯坦福成就测验测验时长为 2 ~ 5 小时

20. 韦氏个别成就测验属于( )。

    A. 水平测验   B. 团体测验   C. 单项测验

D. 调查成套测验　　　　E. 能力测验

21. WIAT 共有分测验的数目是(　　)。

A. 4个　　　　　　　B. 7个　　　　　　　C. 8个

D. 9个　　　　　　　E. 10个

22. MAT7 包括(　　)大内容领域。

A. 4个　　　　　　　B. 5个　　　　　　　C. 10个

D. 12个　　　　　　　E. 14个

23. 成就测验主要用于(　　)。

A. 教育领域　　　　　B. 临床诊断　　　　　C. 人才选拔

D. 调查研究　　　　　E. 科学研究

三、多项选择题

1. 对各种科目知识和技能"学习程度"的测量,也叫(　　)。

A. 普通成就测验　　　B. 特殊成就测验　　　C. 单科成就测验

D. 成套成就测验　　　E. 综合成就测验

2. 按测量学特征分,可以将成就测验分为(　　)。

A. 标准化测验　　　　B. 非标准化测验　　　C. 常模参照测验

D. 标准参照测验　　　E. 预测性测验

3. 非标准化成就测验包括(　　)。

A. 教师自编学绩测验　　B. 未经标准化的省市学绩测验　　C. 常模参照成就测验

D. 随堂摸底测验　　　E. 单项成就测验

4. 按照测验的功能分成就测验可分为(　　)。

A. 调查测验　　　　　B. 水平测验　　　　　C. 预测性测验

D. 诊断性测验　　　　E. 准备性测验

5. 下列关于成就测验描述正确的是(　　)。

A. 成就测验只适用于学龄儿童

B. 成就测验既能反映教学成果也能用于了解学生学习过程

C. 成就测验都是标准参照测验

D. 成就测验可以有标准参照也可以有常模参照

E. 成就测验都是诊断测验

6. 下列关于成就测验描述**不正确**的是(　　)。

A. 成就测验是考察个人通过学习和训练所获得的知识、学识和技能

B. 成就测验是使用最不广泛的心理与教育测验

C. 成就测验即学绩考试

D. 成就测验可以被能力测验和能力倾向测验替代

E. 成就测验的使用主要在教育领域,临床中很少使用

7. 下列关于成就测验发展的描述中正确的有(　　)。

A. 现代测量理论与技术兴起于西方

B. 桑代克推动了教育测验运动

C. 建国前我国没有心理与教育测验的书籍出版

D. 中国的科举考试是当时世界上规模最大、影响最大、由国家组织的成就测验

E. 美国有教无类法案促进了成就测验在美国的普及和发展

8. 关于单项成就测验下列说法正确的是( )。

A. 单项成就测验可以辅助教学

B. 单项成就测验可以鉴别和诊断特定学习困难儿童

C. 单项成就测验可以深入的了解儿童学习困难的特点

D. 单项成就测验优于成套成就测验

E. 单项成就测验主要包括但不限于语文学科测验、数学学科测验、外语学科测验、艺术学科测验等

9. 下列测验中,属于成就测验的有( )。

A. SAT   B. WIAT   C. WAIS

D. MAT   E. MMPI

10. 下列属于韦氏个别成就测验的分测验的有( )。

A. 阅读理解   B. 数学运算   C. 思维技能

D. 字词拼写   E. 问题解决

11. 下列属于 MAT7 的分量表的有( )。

A. 程序   B. 口语表达   C. 书面表达

D. 社会研究   E. 数字运算

12. WIAT 常模形式有( )。

A. 标准分   B. 标准九分   C. 年龄当量

D. 百分等级   E. 标准二十

13. 成就测验在教育上的功能和用途主要表现在( )。

A. 反馈   B. 预测   C. 安置

D. 评价   E. 区分

14. 成就测验在临床上的用途主要表现在( )。

A. 预后   B. 临床科学实验   C. 学习障碍的诊断

D. 神经心理功能评定   E. 心理问题评估

四、问答题

1. 成就测验、能力测验与能力倾向测验的关系如何?

2. 简述成就测验按测验功能分可以分为几类?

3. 成就测验的主要功能有哪些?

4. 成就测验的管理与评价功能主要可表现在哪些方面?

5. 简述韦氏个别成就测验。

五、综合应用题

结合第二章所学的"量表编制的一般程序",尝试编制一套以评估应用心理学专业学生期末学业绩效为测量目标的心理评估成就测验。

参考答案

一、名词解释

1. 成就:指经过一定的学习和训练所获得的知识和技能,它是在一个比较明确的、相对限定的范围内的学习效果。

2. 成就测验:成就测验(achievement test)又称学业成就测验,主要用于测量个人经过某种正式教育或训练之后对知识和技能的掌握程度,主要测量与教育相关的成就,是当今世界上应用最广泛、最为频繁的心理与教育测验。

3. 标准参照成就测验:标准参照成就测验是指根据特定的教学目标解释测验结果的测验,用于诊断受测者在学习中存在的问题,为制订个别化教育计划、评价教学效果提供依据。标准参照测验的比较标准是事先确定的,可以是国家或省教育部门制定的教学大纲,也可以是学校自己制定的教学目标。

4. 形成性成就测验:形成性测验是教学活动的一个有机组成部分,通过对学习者在学习过程中的表现进行评估,可以指导学生决定是进行复习或是继续学习下一个单元。

5. 关键数学算术诊断测验:关键数学算术诊断测验是目前国外使用的鉴定数学学习障碍的常用量表之一。内容包括基本数学概念、操作和应用3个部分,适合4~21岁儿童。测验报告包括标准分、量表分、百分位数和年级当量,内部一致性和复本信度在0.95左右。

二、单项选择题

1. B   2. C   3. A   4. A   5. A   6. B   7. C   8. D   9. E   10. D
11. C   12. B   13. E   14. E   15. D   16. E   17. D   18. B   19. D   20. D
21. C   22. B   23. A

三、多项选择题

1. ADE   2. AB   3. ABD   4. ABCDE   5. BD   6. BCDE
7. ABDE   8. ABCE   9. BD   10. ABD   11. AD   12. ABCD
13. ABCDE   14. CD

四、问答题

1. 成就测验、能力测验与能力倾向测验的关系如何?

答:成就测验、能力测验与能力倾向测验的关系如下:

三者区别主要表现在测验的目的、功能与测量方法上:首先,测验目的不同。成就测验测量的是一些特定的、限定于某一范围的能力和知识,是对学习和训练效果的测量,涉及相对限定的学习经验,以过去或当前为参照标准;能力与能力倾向的测验目的则为一般性的、较为广泛的能力。能力测验涉及广泛的学习经验并以现在为参照标准;能力倾向测验涉及广泛的学习经验但以未来为参照标准。其次,功能不同。成就测验和能力测验都是描述现状;而能力倾向测验是用来预测将来学会什么和能做什么。再次,测量方法不同。成就测验是一种相对直接的测量,而智力或其他心理特质只能通过间接方法测量,以及通过对被试的某种表现或成绩来进行推测。

需要说明的是三者的区别是相对的,三者之间联系紧密:首先,在测验目的上三者都属于最高作为测验。其次,在测验内容上,三者存在彼此的交叉和重叠。再次,在测验功能上,三者都可用来做显示性测验和预测性测验,均可作为将来工作或成就的预测源。能力测验、能力倾向测验和成就测验的相似多于区别。

2. 简述成就测验按测验功能分可以分为几类?

答:成就测验按测验功能分可以分为五类:

(1)调查测验:主要是用来调查被试对某种知识、技能等的总体掌握情况,而不是被试所具有的长处和不足。

(2)水平测验:是一种标准参照测验,是用来考查学生是否达到某种要求的能力水平的一种测验。

(3)预测性测验:通常用来预测被试未来的学习成就。

(4)诊断性测验:能鉴别被试在学习知识和技能中存在的困难。

(5)准备性测验:主要考查学生在一个特定的教育任务上是否做好了准备。

3. 成就测验的主要功能有哪些?

答:成就测验的功能主要有:

(1)在教育领域:反馈功能、预测与安置功能、区分与诊断功能、管理与评价功能。

(2)临床上:学习障碍的诊断和神经心理功能评定。

(3)人才选拔上:成就测验可作为选拔人才的一种依据。

4. 成就测验的管理与评价功能主要可表现在哪些方面?

答:成就测验的功能在管理与评价上表现为:

(1)评价某学生群体的强点和弱点,以帮助改变课程内容或教学程序;

(2)评价不同教学方法的相对有效性和影响教学效果的因素;

(3)评价教育改革方案和教学实验的有效性;

(4)向学生的父母汇报学生总体的教育发展;

(5)向学校管理机构和其他政策制定部门汇报教育事业的相对有效性;

(6)评估不同学校的教育质量,向社会公布,以便学生选择学校;

(7)评价教师的教学水平和质量,作为聘用或工资待遇的参考标准。

5. 简述韦氏个别成就测验。

答:韦氏个别成就测验的主要特征有:

(1)适用范围:5~19岁的儿童和青少年。

(2)功能:诊断学习障碍。

(3)内容和结构:4个领域8个分测验。WIAT涵盖了4个领域(阅读、数学、语言和写作)和8个分测验(基本阅读、阅读理解、数学推理、数据运算、听觉理解、口语表达、字词拼写和书面表达),其中基本阅读、数学推理和字词拼写3个分测验独立构成简式筛查工具。

(4)常模形式:WIAT的每一个分量表和组合分都可以有5个类型的计分办法:标准分、百分等级、年龄当量、常模曲线当量和标准九分。阅读、数学、语言和写作4个组合分,都分别有2个分量表构成。3个筛选组合分和总量表分都可以由它们所涵盖的分量表分计算而获得。年龄或年级的标准分的计算,平均分为100,标准差为15。

（5）常模样本：4252 名 5～19 岁的在校学生。

（6）信度、效度资料：WIAT 手册中提供了许多信度资料，以年龄和年级为基础的分半信度超过 0.80；WIAT 在内容效度方面也做了大量的工作。

五、综合应用题

结合第二章所学的"量表编制的一般程序"，尝试编制一套以评估应用心理学专业学生期末学业绩效为测量目标的心理评估成就测验。

答：量表编制的一般程序包括：

（1）确定测验的目的：确定对象、确定目的、确定用途和功能。

（2）编制试题：拟定项目编制计划，列出双向细目表，根据试题编制原则确定项目内容、选择题型、提供标准答案与评分细则。

（3）测验编排与预测：测验的编排与合成需要充分审定试题，考虑题目内容对测验目标的拟合程度，结合预测和项目分析结果充分考虑题量、难度、题型特征与考核目标。

（4）标准化：标准化成就测验应确保每一个受测者在同样的情境和施测过程中接受同样的测验题目（或等值题目），并接受统一标准的客观评分。

（5）编写测验手册：指导手册的内容包括测验目的与功用、选材依据、测验的基本特征、实施方法、标准答案和评分以及常模资料等。

（麻丽丽　杜夏华　万洪泉）

第九章 心理健康评定量表

学 习 目 标

1. **掌握** 量表的定义；量表的性质；量表的形式；量表的种类；量表的内容；量表结果的分析方法；量表应用的注意事项；评定量表的选择和评价方法；评定量表常见的误差及相关问题。

2. **熟悉** 一般自我效能量表；心理幸福感量表；生活满意度量表；人生意义问卷；生活事件量表；社会支持评定量表；认知情绪调节问卷；90 项症状清单；汉密顿抑郁量表；汉密顿焦虑量表；7 项广泛性焦虑量表；9 项患者健康问卷；Young 躁狂评定量表；简明精神病量表；PTSD 诊断量表；自杀评定量表等 16 种常用量表的特点、使用和计分方法。

3. **了解** 量表的用途；评定量表在心理卫生评估中的价值。

重点和难点内容

一、心理健康评定量表概述

(一)定义与性质

在心理测量学中，评定量表是用来量化观察中所得印象的一种测量工具，为在心理健康评估中收集资料的重要手段之一。

(二)形式和分类

1. 形式

(1)主观评定量表：过去在心理学和教育学中使用这种形式的评定量表较多，其特点是结构明确，量表各项目描述精细，通过知情人对受评者心理特点、行为等项目根据其观察印象逐项判断，不仅要判断每一项目被评定者是否出现，而且要按照量表项目程度等级标准作出程度估计。虽然评定者的评价是主观的，但评定依据来源却是客观的，故具有相当的真实性。

(2)自陈量表：较早用于人格测量，后来发展起来用于调查个体情感、兴趣及行为的各种问卷、调查表等均属同一性质，总称为自评量表(self-rating scales)。此类量表均是让受评者自己按照量表内容要求提供关于自己心理(内隐行为)、行为及个人社会经济背景材料的报告。量表的内容通常为一系列陈述句或问题，每个句子或问题描述一种行为特征或现象，要求受试者作出是否符合自己情况的回答。量表的项目以"是"或"否"的回答方式最常见，也有折中是非式（是、否、不一定）、二择一式、多项数字选择式、文字量表式等方式。自陈量表主要特点为其项目数量多，项目描述清晰，内容较全面，了解的信息量大，而且可以团体实施。但隐蔽性较差，受评者报告自己行为时常常会带有某些偏向。

（3）检核表：常作为了解个体行为特征，尤其是异常行为的调查工具。在性质上通常属于他评量表，也有少数属自评量表。量表项目具体，通常包含一系列行为描述语句。量表操作简便，评定者只需确定各行为项目是否在受评者身上出现即可。

（4）单极或双极量表：数字评定量表和其他类型的量表可能是单极的，也可能是双极的。在单极量表中，被评定的特质被看成是单一维度的，如 UCLA 孤独量表。在双极量表中，被评定者的特质被认为是有两个方向的，如生活满意度量表。

（5）语义区分量表：用于研究诸如"父亲""母亲""疾病""爱"等这样的概念对于不同个体的意义。使用语义区分工具时要求受测者在 7 点的双极形容词量表上对一系列概念打分。例如对于"母亲"这个词，在"好"和"坏"之间给予评定。

（6）迫选量表：给评定者两个或更多的描述，然后让评定者选出最符合评定者特征的描述。虽然评定者在进行迫选时会遇到困难，但迫选量表能够控制某些系统误差，如恒定误差、晕轮效应和近因效应等。

（7）Q 分类技术：研究者在测量中要求受测者把一系列描述性陈述分配到几个类别组中，这些评定从"最能代表评定者或他人的特征"到"最不能代表评定者或他人的特征"，如加利福尼亚 Q 分类量表。

2. 分类

（1）按量表项目编排分类：可分为数字评定量表、图解评定量表、标准评定量表和强迫选择评定表量。数字评定量表是指在量表的每个条目后按数字大小排列分别代表项目中所描述内容的程度和频度等，评定者根据自身的情况圈选相应数字；图解评定量表是把待评定的每一行为列成从左到右一线条或其他示意图，评定者根据情况在相应地段上作出选择；标准评定量表为列出一套行为标准（如各具风格的 5 人）与被评定者比较，评定者从中选定相近的。强迫选评定量表：提供一些描述词或者以多项选择问题的形式，评定者从中选择出一个最能描述评定者行为的选项。

（2）按评定者性质分类：可分为自评量表：是由被试本人对自己的行为、态度或症状表现，按照自己的意见进行评定的一种方法。它们的一个特点是：高度结构化、项目形式多为是非题或选择题、一般都建立了标准化常模或划界分；题量数量可多可少，一般人格问卷都比较大，症状评定问卷比较少。自评量表的使用，对被试的认知水平、受教育程度和精神状态等都有明确的要求。他评量表：是评定者通过对个体或群体的行为和社会行为进行观察，并对观察结果以数量化方式进行评价和解释，这一过程称为他评。和自评量表一样，他评量表一般都具有高度的结构化、项目形式多为是非题或选择题、一般都建立了标准化常模或划界分；但题目数量都不太多，多数都 50 个以内。他评量表的使用，对主试的专业水平、对被试的了解程度等都有明确的要求。

（3）按量表内容分类：按照量表所测查的内容，心理健康评定量表可以分成很多的种类，常用的有：心理健康综合评定量表、生活质量和幸福度评定量表、抑郁评定量表、焦虑评定量表、自尊与自信评定量表、人际关系与人际态度评定量表、家庭功能与家庭关系评定量表等等。

（三）量表内容

1. 评定量表的名称　指明量表的种类，说明量表的类型、编制者或编制单位。

2. 评定量表项目　每一量表中均包括若干项目。每一项目都是描述一种心理特质、行为、症状、现象的陈述句，这些项目，都是量表编制者根据他们的理论和经验参考其他量表加以规定。以症状量表为例，包括的项目应该是该类疾病的主要和重要症状，特别是常见的症状。这样量表的得分，才能反映病情的严重程度。由于实用的原因，项目不能太多，一般以 20 项左右为宜。过少不能充分反映病情，过多则检查及评定的时间太长，不符合经济原则。项目的内容，应该是能反映疾病的特征。但又不能过于绝对，因为每一个患者的疾病，都是由特异性症状和非特异性症状组成，而且非特异性症状在疾病中占有相当重要的地位。如果某一量表，只包括非常特异或者十分罕见的症状，那就不能良好地反映多数病人的病情。项目描述应尽量简明，用语精练，每一个用词描述一个特别的意思，尽可能少用一般性词语，如"平均""很好""很差"等。

3. 评定量表中的项目定义　说明这一项目是评定何种病理心理现象。

4. 项目分级　量表中的每一项目均分成若干等级。有的采用二分法（即"是""否"来回答项目）。如果分级太少，量表的敏感性便降低；如果分级太多，分级标准不易掌握，影响评定者间的一致性。分级的多少，还取决于是自评还是他评，以及选用什么样的评定者。自评量表的分级不宜过多，一般为 3～5 级；如果是由精神科医生或者有经验的人员担任评定者，或事先受过良好训练者，分级便可细些。研究表明只有受过严格训练的人才能区别 11 个等级，大多数人对 7 级就不能作出有效的区分了。通常等级划分在 3～7 级之间，以 5 级最为常见。

5. 评定量表的评分标准　评分的标准一般来说有两种。一种是项目内容出现的严重程度，另一种是项目内容在每一段时间内出现的频度，也可以是两者的结合。他评量表一般对每个项目的评分标准都有特殊的规定。最好有评定的操作性评分标准或"工作用评定标准"，便于评定者掌握，也较为准确。然而，有些量表应用的是非操作性标准，评定时是与一般的病人相比，对具体病人的症状严重度作一判断；这就要求评定者有一定的临床经验。

二、常用的心理健康评定量表

（一）一般自我效能量表

美国心理学家班杜拉 1977 年提出了自我效能感理论。自我效能感（sense of efficacy）是人们自身对将要完成既定行为目标所需的行动过程的组织和执行能力的判断。一般自我效能感量表（general self-efficacy scale，GSES）由 Jerusalem M 和 Schwarzer R 编制而成，是用来测量个体能否有效地应对各种应激性情境的一种概括、稳定的自我效能感。我国学者张建新于 1997 年修订成中文版本。

该量表最初由 20 个项目组成，后来缩减至 10 个项目，中文修订版共 10 个项目，旨在评定受试者对自我持正向或负向的感受。采用四点量表的形式，依序为完全不正确、有点正确、多数正确和完全正确，并依顺序给 1～4 分，总分愈高者，表示一般自我效能感愈高。

量表简洁、可信，且有良好的聚合效度和区分效度。该量表是相关研究中常用的测评工具，我国学者张建新、王才康将其中文译本用于我国大学生群体，也获得了较满意的测量学指标。

（二）心理幸福感量表

心理幸福感（psychological well-being，PWB）反映个体自我完善或成长而生的积极体验。传统研究中的主观幸福感（subjective well-being, SWB）被定义为高正性情绪，低负性情绪和高生活满意度。两者有着不同的哲学取向。心理幸福感量表（psychological well-being scale）由 Ryff CD 等人于上个世纪八十年代末期编制的。Ryff 心理幸福感量表所包含的维度涉及到人的自我实现的 6 个明显方面：自主（autonomy）、环境驾驭（environmental mastery）、个人成长（personal growth）、积极的人际关系（positive relations with others）、生活目的（purpose in life）和自我接受（self-acceptance）。我国学者邢占军等人和王欣等人分别于2004 年和 2005 年对该量表进行过修订。

该量表共有 3 个版本，分别包含了 84、54、18 个项目，在每个维度上分别包含 14、9、3个项目。要求被测者依据自己的体验在这些项目上做出 6 级选择：很不同意、不同意、有点不同意、有点同意、同意、非常同意。

各维度心理特征：①自主。高分者：自我决定、独立；从一定程度上看能够克服社会压力去思考和行为；能够对个人的行为进行自我调整；能够依据自己的标准对自我加以判断。低分者：受社会期望和权威人物决定的影响；屈从于社会压力和他人的标准去思考和行为；从一定程度上看要依赖他人去做出决定。②环境驾驭。高分者：具有驾驭环境的意识并能够很好地驾驭环境；对复杂的环境和外部活动能够加以控制；能够有效地利用环境所提供的各种机遇；能够选择和创造与个人价值和需要相适应的环境条件。低分者：在处理日常事物方面比较吃力；感到无力改变不良的环境；抓不住环境所提供的机遇；对外部环境缺乏驾驭意识。③个人成长。高分者：具备一种不断发展的意识；认为自我处于不断成长与提高的过程中；喜欢尝试新事物；希望实现自身的潜能；能够看到自身随时间推移而出现的进步；希望自身在知识和效能方面有新的提高。低分者：感到自身处于停滞状态；不能看到自身随时间推移而出现的进步；对生活感到无聊和没有兴趣；感到自身在心理和行为方面不能有新的发展。④积极的人际关系。高分者：拥有融洽、真诚的人际关系；关心他人的福利；拥有心心相印、紧密无间的朋友关系；能够相互理解、互谅互让。低分者：缺乏亲密、真诚的人际关系；与他人之间相处很难做到开诚布公、轻松自如；在人际交往中感到孤独，有挫折感；不愿意为维持与他人的重要联系而进行妥协。⑤生活目的。高分者：有生活目标和方向感；能够感受到当前和以往生活的意义；对人生持有信念。低分者：不理解生活的意义；做事缺乏目标和方向。⑥自我接受。高分者：对自我持有肯定的态度；承认和容忍自身在很多方面的优缺点；对过去的生活持肯定的态度。低分者：对自我不满意；对过去的生活感到失望；对自身的一些不足感到烦恼；希望完全改变自己。

（三）生活满意度量表

生活满意度量表（life satisfaction scales）由 Neugarten BL, Havighurst RJ 和 Tobin S于 1981 年编制。包括 3 个独立的分量表，其一是他评量表，即生活满意度评定量表（life satisfaction rating scale, LSR）；另两个分量表是自评量表，分别为生活满意度指数 A（life satisfaction index A）和生活满意度指数 B（life satisfaction index B），简称 LSIA 和 LSIB。LSR 又包含有 5 个子量表，分别是热情与冷漠、决心与不屈服、愿望与已实现目标的统一、自我评价和心境。

LSR 得分在 5（满意度最低）和 25（满意度最高）之间，LSIA 由与 LSR 相关程度最高的20 项同意 - 不同意式条目组成，而 LSIB 则由 12 项与 LSR 高度相关的开放式、清单式条目组成。LSIA 得分从 0（满意度最低）到 20（满意度最高），LSIB 得分从 0（满意度最低）到 22（满意度最高）。

（四）人生意义问卷

人生意义是人们领会、理解自己生命的含义，并意识到在自己生命中的目标、任务或使命。人生意义更多的是作为哲学命题来探讨，首次将其纳入心理学范畴的是心理治疗大师弗兰克尔，在其看来追寻意义（seeking for meaning）是人类的基本动机之一。人生意义被认为是心理幸福感（psychological well-being）的重要成分或来源。人生意义问卷（meaning in life questionaire，MLQ）由美国学者 Michael FS 等于 2006 年编制，用于测量人生意义的两个因子：人生意义体验和人生意义寻求。中国学者王孟成、戴晓阳等于 2008 年将该问卷进行了中文版修订。

MLQ 共 10 个项目，包括人生意义体验和人生意义寻求两维度，每个维度包括 5 个项目。该量表采用 Likert 7 点记分，从"1= 非常不符合"到"7= 非常符合"。该问卷在美国和日本大学生样本中表现出良好的信效度。中文修订版具有较好的内部一致性和跨时间的稳定性。目前该量表在国内多用于大学生的研究。

（五）生活事件量表

生活事件量表（life event scale，LES）使用目的是对精神刺激进行定性和定量的评估。许多研究报告了生活事件与某些疾病的发生、发展或转归的相关关系。不同的生活事件引起的精神刺激可能大小不一。于是，人们相信，每种生活事件理应具有其"客观"的刺激强度。从 20 世纪 60 年代起，"客观定量"最有代表性的人物是美国的 Holmes TH，他和 Rahe 于 1967 年编制了著名的"社会重新适应量表"（social readjustment rating scale，SRRS）。SRRS 的理论假定，任何形式的生活变化都需要个体动员机体的应激资源去作新的适应，因而产生紧张。SRRS 的计算方法是在累计生活事件次数的基础上进行加权计分，即对不同的生活事件给予不同的评分，然后累加得其总值。SRRS 在一定程度上反映了美国当时社会生活的实际情况，是科学地、客观地评定生活事件的开端。SRRS 被推广到许多国家，再研究的结果显示相关系数多在 0.85 ~ 0.99 之间，被公认为评定生活事件的有效工具，甚至有人认为可以作为金标准以检测其他生活事件量表的效度。我国于 20 世纪 80 年代初引进 SRRS，使用者们根据我国的实际情况对生活事件的某些条目进行了修订或删增，编制了"生活事件量表"，LES 适用于 16 岁以上的正常人、神经症、心身疾病、各种躯体疾病患者以及自知力恢复的重性精神病患者。LES 是一个自评量表，填写者须仔细阅读和领略指导语，然后逐条过目。根据调查者的要求，将某一时间范围内（通常为一年内）的事件记录下来。有的事件虽然发生在该时间范围之前，如果影响深远并延续至今，可作为长期性事件记录。对于表上已列出但并未经历的事件应一一注明"未经历"，不留空白，以防遗漏。

LES 是自评量表，含有 48 条我国较常见的生活事件，包括 3 个方面的问题：家庭生活方面（28 条）、工作学习方面（13 条），社交及其他方面（7 条），另设有 2 条空白项目，填写当事者已经经历而表中并未列出的某些事件。对每一经历的生活事件询问的提纲为：①是否发生和事件发生的时间，分为未发生、一年前、一年内、长期性 4 个选项。一过性的事件如流产、失窃等记录其发生次数，长期性事件如夫妻分居、住房拥挤等不到半年记为 1 次，超过半年记为 2 次。②事件的性质，是好事还是坏事。③事件对精神影响程度，分为无影响、轻度、中度、重度、极重度 5 级，分别记为 0、1、2、3、4 分。④影响持续时间，是 3 个月内、半年内、1 年内、1 年以上 4 个时间段，分别记为 1、2、3、4 分。

生活事件刺激量的计算方法：①某事件刺激量 = 该事件影响程度分 × 该事件持续时间分 × 该事件发生次数；②正性事件刺激量 = 全部好事刺激量之和；③负性事件刺激量 = 全

部坏事刺激量之和；④生活事件总刺激量＝正性事件刺激量＋负性事件刺激量。此外，也可根据研究的需要，按家庭生活问题、工作学习问题、社交及其他问题进行分类统计。LES总分越高反映个体承受的精神压力越大。负性事件的分值越高对心身健康的影响越大，正性事件分值的意义尚待进一步研究。95%的人一年内的 LES 总分不超过 20 分，99% 的人不超过 32 分。

（六）社会支持评定量表

社会支持评定量表（social support rating scale，SSRS）由我国学者肖水源（1986）开发，1990 年又进行了修订，成为国内有自主知识产权的用于评定社会支持的工具之一。SSRS适用于 14 岁以上的各类人群（尤其是普通人群）的健康测量。测验结果还可以作为影响因素用于心理障碍和疾病的成因研究。

该量表包括客观支持（3 条）、主观支持（4 条）和对社会支持的利用度（3 条）3 个维度，其计分包括两大步骤：第一，项目计分方法：①第 1~4、8~10 条：每条只选 1 项，选择 1、2、3、4 项分别记 1、2、3、4 分。②第 5 条分 A、B、C、D 4 项计总分，每项从无到全力支持分别记 1~4 分。③第 6、7 条如回答"无任何来源"记 0 分，回答"下列来源"者，有几个来源就记几分。第二，总分及信度计分：①总分：即 10 个条目记分之和。②客观支持分：2、6、7 条评分之和。③主观支持分：1、3、4、5 条评分之和。④对支持的利用度：第 8、9、10 条。

（七）认知情绪调节问卷

认知情绪调节问卷（cognitive emotion regulation questionnaire，CERQ）基于从纯认知角度来考察认知情绪调节策略的个体差异这样一个理论构想，Garnefski N 在综合以往情绪应对理论的相关文献后，编制了认知情绪调节问卷。在制定认知情绪调节问卷时，把个体在遭遇负性生活事件后使用的认知情绪调节策略分为 9 类：自我责难、责难他人、沉思、灾难化、接受、积极重新关注、重新关注计划、积极重新评价和理性分析。系列研究表明，CERQ是一个测量认知情绪调节的可靠而有效的问卷，且能很好评估 12 岁以上的个体在遭遇负性生活事件后使用的情绪调节认知策略。

认知情绪调节问卷共 36 个条目，包括 9 个分量表：自我责难、接受、沉思、积极重新关注、重新关注计划、积极重新评价、理性分析、灾难化、责难他人。每个分量表 4 个条目。在某个分量表上得分越高，被试在面临负性事件时就越有可能使用这个特定的认知策略。

（八）90 项症状清单

90 项症状清单（symptom check list-90，SCL-90），又称 90 项症状自评量表，是由Derogatis LR 编制（1975），包括 90 个项目，通常评定"现在"或最近一周来的症状，涉及广泛的精神病症状学内容，如思维、情感、行为、人际关系、生活习惯等。其评定方法：让被试阅读题目，之后先判断是否有此症状，如果无此症状，选择（0），表示无此症状；如果有，让被试在选项中，根据自己的主观感受，选择一个最符合自己感受的选项。SCL-90 的每一个项目均采取 5 级评分制（0~4 级），0 表示无、1 表示轻度、2 表示中度、3 表示相当重、4 表示严重；有的也用 1~5 级评分制。SCL-90 除了自评外，也可以作为他评问卷，由医师评定被试症状的内容和严重程度。

SCL-90 的统计指标有单项分、总分、总均分、阳性项目数、阴性项目数、阳性症状均分和因子分，其中最常用的是总分与因子分。

（1）单项分：即 90 个项目的个别评分值。

（2）总分：即 90 个项目单项分相加之和。

（3）总均分：即总症状指数（general symptomatic index），是将总分除以 90（总分 ÷ 90）。

（4）阳性项目数：指单项分 ≥ 2 的项目数，表示患者"有症状"的项目个数。

（5）阴性项目数：指阴性项目的项目数，表示患者"无症状"的项目个数。

（6）阳性症状均分：指阳性项目总分除以阳性项目个数，反映该被试自我感觉不佳的项目其严重程度，又称阳性症状痛苦水平（positive symptom distress level）。

（7）因子分：是该因子包含项目得分之和除以该因子项目数。SCL-90 包括 9 个因子，每一个因子反映出患者某方面症状的痛苦情况，通过因子分可了解症状分布特点。9 个因子含义及所包含项目为：

1）躯体化（somatization）：包括 1、4、12、27、40、42、48、49、52、53、56、58 共 12 项。该因子主要反映身体不适感，包括心血管、胃肠道、呼吸和其他系统的主诉不适，和头痛、背痛、肌肉酸痛，以及焦虑的其他躯体表现。

2）强迫症状（obsessive-compulsive）：包括 3、9、10、28、38、45、46、51、55、65 共 10 项。主要指那些明知没有必要，但又无法摆脱的无意义的思想、冲动和行为，还有一些比较一般的认知障碍的行为征象。

3）人际关系敏感（interpersonal sensitivity）：包括 6、21、34、36、37、41、6l、69、73 共 9 项。主要指某些个人不自在与自卑感，特别是与其他人相比较时更加突出。在人际交往中的自卑感、心神不安、明显不自在以及人际交流中的自我意识。消极的期待亦是这方面症状的典型原因。

4）抑郁（depression）：包括 5、14、15、20、22、26、29、30、31、32、54、71、79 共 13 项。以苦闷的情感与心境为代表性症状，还以生活兴趣减退，动力缺乏，活力丧失等为特征。以反映失望、悲观以及与抑郁相联系的认知和躯体方面的感受。还包括有关死亡的思想和自杀观念。

5）焦虑（anxiety）：包括 2、17、23、33、39、57、72、78、80、86 共 10 项。一般指烦躁、坐立不安、神经过敏、紧张以及由此产生的躯体征象，如震颤等。测定游离不定的焦虑及惊恐发作是本因子的主要内容，还包括一项解体感受的项目。

6）敌对（hostility）：包括 11、24、63、73、74、81 共 6 项。主要从 3 个方面来反映敌对的表现：思想、感情及行为。其项目包括厌烦的感觉、摔物、争论直到不可控制的脾气暴发等方面。

7）恐惧（phobic anxiety）：包括 13、25、47、50、70、75、82 共 7 项。恐惧的对象包括出门旅行、空旷场地、人群、或公共场所和交通工具。此外，还有反映社交恐惧的一些项目。

8）偏执（paranoid ideation）：包括 8、18、43、68、76、83 共 6 项。本因子是围绕偏执性思维的基本特征而制订、主要指投射性思维、敌对、猜疑、牵连观念、妄想、被动体验和夸大等。

9）精神病性（psychoticism）：包括 8、16、35、62、77、84、85、87、88、90 共 10 项。反映各式各样的急性症状和行为，以及有代表的、限定不严的精神病性过程的指征。也可以反映精神病性行为的继发征兆和分裂性生活方式的指征。

还有 19、44、59、60、64、66、89 共 7 个项目未归入任何因子，分析时将 7 项作为附加项目（additional items）或其他作为第 10 个因子来处理，以便使各因子分之和等于总分。此外，当得到因子分后，便可以用轮廓图（profiles）分析方法，了解各因子的分布趋势和评定结果的特征。

（九）汉密顿抑郁量表

汉密顿抑郁量表（Hamilton depression scale，HAMD）由 Hamilton M 于 1960 年编制，是临床上评定抑郁状态时应用最普遍的量表，具有良好的信度、效度，且评定方法简便，标准明确，便于掌握，可用于抑郁症、躁郁症、神经症等多种疾病的抑郁症状评定，尤其适用于抑郁症。HAMD 在抑郁量表中，往往为标准者之一，如果要发展新的抑郁量表，往往应以 HAMD 作平行效度检验的工具。本量表有 17 项、21 项和 24 项 3 种版本。作一次评定大约需 15～20 分钟。HAMD 大部分项目采用 0～4 分的 5 级评分法。少数项目采用 0～2 分的 3 级评分法。

HAMA 评定注意事项：①适用于具有抑郁症状的成年病人；②应由经过培训的两名评定者对患者进行 HAMD 联合检查；③一般采用交谈与观察的方式。检查结束后，两名评定者分别独立评分；④评定的时间范围：入组时，评定当时或入组前一周的情况；治疗后 2～6 周，以同样方式，对入组患者再次评定，比较治疗前后症状和病情的变化；⑤ HAMD 中，有的项目依据对患者的观察进行评定；有的项目则根据患者自己的口头叙述评分；尚需要向患者家属或病房工作人员收集资料。

HAMD 量表结果分析：①总分，病情越轻总分越低，病情越重总分越高，具体研究中，量表总分为一项入组标准；②总分变化评估病情演变：治疗前后总分的变化情况可用来评估患者病情的变化情况；③因子分：HAMD 的 7 类因子结构为——焦虑／躯体化，由精神性焦虑、躯体性焦虑、胃肠道症状、疑病和自知力等 5 项组成；体重，即体重减轻一项；认识障碍，由自罪感、自杀、激越、人格解体和现实解体、偏执症状、强迫症状等 6 项组成；日夜变化，即日夜变化一项；阻滞，由忧郁情绪、工作和兴趣、阻滞、性症状等 4 项组成；睡眠障碍，由入睡困难、睡眠不深和早醒等 3 项组成；绝望感，由能力减退感、绝望感和自卑感等 3 项组成。因子分析不仅可以具体反映病人的心理病理学特点，也可反映靶症状群的临床结果。HAMD 的划界分标准（Davis JM）：总分＞ 35 分，严重抑郁；＞ 20 分，轻或中等度的抑郁；＜ 8 分，没有抑郁症状。一般的划界分：HAMD17 项版本分别为 24 分、17 分和 7 分。

（十）汉密顿焦虑量表

汉密顿焦虑量表（Hamilton anxiety scale，HAMA）由 Hamilton M 于 1959 年编制，是精神科临床中常用量表之一，具有良好的信度、效度以及实用性，但不大宜于估计各种精神病时的焦虑状态。本量表包括 14 个项目，所有项目采用 0～4 分的 5 级评分法。

评定注意事项：①应由经过培训的两名评定者对患者进行联合检查。一般采用交谈与观察的方式。检查结束后，两名评定者分别独立评分。做一次评定约需 10～15 分钟；②评定的时间范围：入组时，评定当时或入组前一周的情况；治疗后 2～6 周，以同样方式，对入组患者再次评定，用以比较治疗前后症状和病情的变化；③主要用于评定神经症及其他病人的焦虑症状及严重程度；④ HAMA 中，除第 14 项需结合观察外，所有项目都根据病人的口头叙述进行评分，同时特别强调受检者的主观体验，这也是 HAMA 编制者的医疗观点。因为病人仅仅在有病的主观感觉时，方来就诊并接受治疗，故此可作为病情进步与否的标准；⑤ HAMA 无工作用的评分标准，但一般可以这样评分：a. 症状轻微；b. 有肯定的症状，但不影响生活与活动；c. 症状重，需加处理，或已影响生活活动；d. 症状极重，严重影响其生活。

HAMA 量表结果分析：①总分，可较好的反映病情严重程度；②因子分析：分为躯体性和精神性两大因子结构。按照全国量表协作组提供的资料，总分超过 29 分可能为严重焦虑；超过 21 分可能有明显焦虑，超过 14 分肯定有焦虑，超过 7 分可能有焦虑，如小于 6 分病人就没有焦虑症状。HAMA 项分界值为 14 分。

（十一）7 项广泛性焦虑障碍量表

7 项广泛性焦虑障碍量表（generalized anxiety disorder-7，GAD-7）由 Spitzer RL 等于 2006 年编制，属于患者自评问卷。GAD-7 用于广泛性焦虑的筛查及症状严重度的评估，是患者健康问卷（patient health questionaire，PHQ）的一个组成部分。研究证明 GAD-7 不仅可用于广泛性焦虑障碍，而且对社交恐惧症、惊恐障碍、创伤后应激障碍等也有较好的筛查评估作用。本量表由 7 个项目组成，采用 0～3 的 4 等级评估，各级的标准为：0 完全不会；1 几天；2 一半以上的日子；3 几乎每天。评定时间范围为过去两周内。

GAD-7 量表结果分析：总分在 0～21 分之间，能反映焦虑的严重程度；总分越高，病情越重。0～4 分为正常范围，表示无焦虑表现；5～9 分为轻度焦虑；10～14 分为中度焦虑；15 分以上为重度焦虑。国外大规模样本研究显示，当分界值取 10 分时，GAD-7 的敏感度和特异度最佳。

（十二）9 项患者健康问卷

9 项患者健康问卷（patient health questionnaire-9 items，PHQ-9）是一个简明的自我评定工具，由 Robort Spitzer 等于 1999 年根据 DSM-Ⅳ 的诊断标准而修订，主要包括抑郁、焦虑、物质滥用、饮食障碍及躯体化障碍五大部分。PHQ-9 是关于抑郁的一个量表，广泛应用于基层医疗单位作为一种筛查工具。PHQ-9 在诊断抑郁障碍方面显著优于其他抑郁筛查工具，还可用于各类躯体疾病患者抑郁症状的诊断评估，以及社区老年人、青少年群体及其他健康人群的抑郁症状评估。本量表由 9 个项目组成，采用 0～3 的 4 等级评估，各级的标准为：0 完全不会；1 几天；2 一半以上的日子；3 几乎每天。评定时间范围为过去两周内。

PHQ-9 量表结果分析：总分在 0～27 分之间，能反映抑郁的严重程度，总分越高，病情越重。0～4 分为正常范围，表示无抑郁表现；5～9 分为轻度抑郁；10～14 分为中度抑郁；15～19 分为中重度抑郁；20 分以上为重度抑郁。

（十三）Young 躁狂评定量表

Young 躁狂评定量表（Young mania rating scale，YMRS）是由 Young RC 等于 1978 年编制的躁狂评定量表，主要用于评定躁狂发作的患者。因其应用数据较为丰富，YMRS 量表较多用于临床观察和疗效评估，并可作为新编躁狂量表平行效度的参照标准。本量表由 11 个项目组成，多数采用 0～4 分的 5 等级评分，但其中第 5、6、8、9 项的 5 级则分别评为 0、2、4、6、8 分。评定时间范围一般定位 48 小时，也可根据实际情况扩展评定时间范围，但需注明，如果扩展也仅为 1 周。评定应结合 2 天内所观察到的情况和检查当时的情况，特别要重视检查当时的情况。

YMRS 量表主要统计指标为总分，得分范围为 0～44 分。总分为 0～5 分为无明显躁狂症状；6～10 分为有肯定的躁狂症状；22 分以上有严重躁狂症状。

（十四）简明精神病量表

简明精神病量表（brief psychiatric rating scale，BPRC）由 J. E. Overall 和 D.R. Gorham 于 1962 年编制，是一个评定精神病性症状严重程度的他评量表，适用于具有精神病性症状的大多数重性精神病患者，尤其适用于精神分裂症患者，具有良好的信度、效度以及实用性，是精神科应用最广泛的评定量表之一。BPRS 最常用的为 18 项版本，所有项目采用 1～7 分的 7 级评分方法，包括 18 个项目，即：①关心身体健康；②焦虑；③情感交流障碍；④概念紊乱；⑤罪恶观念；⑥紧张；⑦装相和作态；⑧夸大；⑨心境抑郁；⑩敌对性；⑪猜疑；⑫幻觉;⑬动作迟缓;⑭不合作;⑮不寻常的思维内容;⑯情感平淡;⑰兴奋;⑱定向障碍。其中1、2、4、5、8、9、10、11、12、15、18项根据检查时病人的回答评分,其余依据对病人的观察评定。一次评定大约需要 20 分钟。评定的时间范围一般定为评定前一周的情况。评定员须由经过训练的精神科专业人员担任。

BPRS 量表结果分析:①总分,一般研究入组标准可定为 > 35 分;②单项分(0~7 分);③因子分(0~7 分),一般归纳为 5 个因子:焦虑忧郁、缺乏活力、思维障碍、激活性、敌对猜疑。

BPRS 没有操作用评分标准,准确把握评分标准有一定困难,尤其是对初学者,可能影响评分者之间的一致性。量表协作组制定的工作用评定标准可做使用时的参考。此外,BPRS 项目设置中,反映阴性症状的项目不足,不能区别不同性质的兴奋状态,此乃其弱点。

(十五)创伤后应激障碍诊断量表

创伤后应激障碍诊断量表(clinician-adminitstered post-traumatic stress disorder scale, CAPS),又称 PTSD 诊断量表,是美国国立 PTSD 研究中心于 1990 年开发的用于评估 PTSD 症状严重性和诊断状态的一种结构式晤谈工具。CAPS 最初是基于 DSM-Ⅲ-R(diagnostic and statistical manual of mental disorders-Ⅲ-revised)PTSD 诊断标准制定而成,目前所用的 CAPS 是随着诊断标准的改变以及使用者的反馈信息做了几次修订后的版本,有成人版及儿童青少年版(CAPS-CA)。中南大学湘雅二医院精神卫生研究所 1998 年将最后一次修订的 CAPS 英文版本翻译成中文,CAPS 汉化版本完全按照英文版本进行翻译,没有增减条目和修订条目。CAPS 最初应用于战斗老兵,现在已经在不同的创伤群体中成功应用,如强奸受害、犯罪、交通事故、矿难、大地震、大屠杀和癌症后的人群。

CAPS 为定性访谈,集诊断量表和症状量表于一体,共有 30 个项目,对应 DSM-Ⅳ中 PTSD 诊断标准,分成 A-F 及附加症状 7 个部分。A 为创伤性事件评估(未计入项目总数),作者另设了一个生活事件清单(LEC),列举了常见的自然灾害、火灾/爆炸、车祸、性侵害、亲人意外死亡等 17 类可能会导致 PTSD 的应激源。B~D 为症状量表的核心,B 为再体验症状,包括闯入性回忆、(事件)相关噩梦、闪回、提醒的心理痛苦和提醒的生理反应 5 项;C 为回避和麻木症状,包括思考感受回避、活动回避、创伤部分失忆、活动兴趣减退、分离/疏远感、情感范围受限和未来计划缺失 7 项;D 为高警觉症状,包括入睡或睡眠维持困难、易激惹/易怒、注意力不能集中、高警觉和夸大的惊跳反应 5 项。F 节以后,还有 3 个部分:① PTSD 诊断(第 18、19 项);②总体评定,包括对访谈有效性(第 23 项)、症状严重度总评(第 24 项)和症状与开始时(如治疗基线)相比的总体进步(第 25 项);③附加症状,包括内疚感、幸存内疚感(多受难者事件)、对环境察觉的清晰度降低、现实解体和人格解体 5 项。其评定标准如下:①核心症状(B~D)及附加症状部分,按发生频度和严重度(强度)分别评分,均为 0~4 分 5 级评分;②E(病程),为是、否二级评定;③F(痛苦/功能损害)及整体评定部分,按严重度评分,均为 0~4 分。

CAPS 量表有诊断和症状严重程度两项主要结果。前者指是否符合 PTSD 诊断及其亚型:急性、慢性、延迟性等。其结果分析包括:①症状严重程度,一般取 B~D 部分 17 项核心症状的频度分和强度分的总和。总分的范围为 0~136 分。如果将附加症状分也纳入,应予注明。②因子总分:按量表设计,可计算 B、C、D 各部分的单项频度、强度分的总和,作为再体验、回避、高警觉症状群的总分。③总分:PTSD 患者 17 项核心症状的总分 ≤ 19 分为无症状(缓解);20~39 分为轻度(阈下);40~59 分为中度;60~79 分为严重;≥ 80 分为极重。上述 CAPS 总分的改变 ≥ 15,认为有临床意义。

（十六）自杀评定量表

1. **自杀意念量表** 贝克自杀意念量表（Beck scale for suicide ideation，SSI）是 Beck AT 等编制，用于测量自杀意念的严重程度，最初由北京回龙观医院北京心理危机研究与干预中心进行了翻译、回译和修订。SSI 由 19 个项目构成，每个项目选项为 3 个，从左至右对应得分为 1、2、3，得分越高，求死的愿望越强烈。量表分成 3 个因子：积极自杀意愿（10 项）、消极自杀意愿（6 项）、自杀准备（3 项）。所有被试都首先进行前 5 项的作答，若第 4、5 项的回答都是"没有"，则视为没有自杀意念，可结束测试；若第 4 或第 5 项任意 1 个选择是"弱"或者"中等到强烈"，即可认定为有自杀意念，需继续完成后面的 14 项。对后 14 项修订时，为了方便评估，对个别项目（如 6、7、11、13 和 19）的答案增加了 1 个"近 1 周无自杀想法"的选项，其对应得分为"0"。量表 1~5 项主要用于评估自杀意念的强度，分数越高，自杀意念的强度越大。量表 6~19 项则用来评估自杀危险性，即有自杀意念的被试真正实施自杀的可能性的大小，总分的计算公式是 [（条目 6~19 的得分之和 − 9）÷ 33] × 100，得分在 0~100 之间变化，分数越高，自杀危险性越大。

2. **自杀可能性量表** 自杀可能性量表（suicidal possibility scale，SPS）常用于检测 14 岁以上青少年的自杀危险。SPS 主要由 4 个维度构成：绝望感、自杀意念、消极自我评价、敌对。SPS 总量表和各分量表的一致性程度较高，重测信度和分半信度也比较理想。在效度方面，SPS 能很好地区分有自杀企图的青少年、精神病青少年和正常青少年。SPS 也被应用于成人和大学生群体，但其因素结构还有待于进一步的研究。

3. **成人自杀意念问卷** 成人自杀意念问卷（adult suicidal ideation questionnaire，ASIQ）是测量大学生自杀意念的一种可靠的量表，其 Cronbach 系数为 0.60~0.80。ASIQ 由 25 个条目组成的自评问卷，每一个条目从 0（从来没有这种想法）到 6（几乎每天都有这种想法）共 6 个等级，它要求被试根据过去 1 个月里关于自杀和自我伤害的想法进行判断。

4. **自杀行为的态度语义区分量表** 自杀行为的态度语义区分量表（semantic differential scale attitudes towards suicidal behavior，SEDAS）是由 Jenner JA 等编制，用于调查被试对自杀行为的态度量表。SEDAS 由 15 个条目构成，采用 9 点量表调查在 7 个维度下被试对自杀行为的态度，7 个维度分为自杀个体和情境 2 个方面，包括我、14 岁的孩子、81 岁的老人、34 岁的成瘾者、不治之症的肿瘤患者、有过自杀未遂史的人以及和我关系亲密的人，每个条目由一对语义相对的形容词组成，对 15 个条目进行统计处理后得到 2 个因子：健康 / 疾病以及接受 / 拒绝，前者可被看作是"评估"因子，而后者则被认为"活动"和"效能"因子。研究表明，SEDAS 具有良好的内部一致性和区分效度，以及良好的重测信度。我国应用较为广泛的自杀态度问卷是肖水源等 1999 年编制的"自杀态度问卷"（suicide attitude questionnaire，QSA），该问卷包括 29 个条目，采用 5 级评分（完全赞同、赞同、中立、不赞同、完全不赞同），进行四个维度的测定，即对自杀行为性质的态度（9 项）、对自杀者的态度（10 项）、对自杀者家属的态度（5 项）、对安乐死的态度（5 项）。QSA 经研究者使用，亦具有良好的内部一致性和信效度。

5. **自杀状况表格** 自杀状况表格（suicide status form，SSF）是由以 Beck A，Roy Baumeister R，Linehan MM，Jobes DA 的理论为依据、以患者为专家、以医患真诚合作的方式、采取量化和质化并举的思路设计的一种自杀评估方式。SSF 包括五部分：①以 Edwin S. Shneidman 的理论为基础，对心理痛苦、心理压力、心理混乱（愤怒、绝望、自我憎恨）的现况进行测量，并按对影响自杀的重要程度进行排序；②判断以上三个方面与别人及自己的相关程度，即哪些是自己引起的,哪些是别人引起的;③请他们分别列出生和死的理由,并请他们根据重要性排序。然后请他们从心理痛苦、心理压力等五个方面评估自己求生和求死的程度,之后分别排序。最后让他们回答一个开放性的问题:有一个什么东西可以让他们不再想去自杀。虽然评估的完成有赖于医患合作,但是前三部分主要还是由患者来完成,后两部分更多的工作由治疗师完成;④直接评估患者的自杀史、物质滥用、自杀计划、手段的致命性等;⑤在医患双方都对患者的自杀有了深刻而丰富的了解的基础上,制订一个解决问题的方案。

6. **护士用自杀风险评估量表**　护士用自杀风险评估量表(nurses' global assessment of suicide risk, NGASR)是英国学者在精神科临床实践中建立的自杀风险综合评估护理量表。NGASR 包括 15 个条目(赋分):绝望感(+3 分)、近期负性生活事件(+1 分)、被害妄想或有被害内容幻听(+1)、情绪低落 / 兴趣丧失或愉快感缺乏(+3)、人际和社会功能退缩(+1)、言语流露自杀意图(+1)、计划采取自杀行动(+3 分)、自杀家族史(+1 分)、近期亲人死亡或重要的亲密关系丧失(+3 分)、精神病史(+1 分)、鳏夫 / 寡妇(+1 分)、自杀未遂史(+3)、社会经济地位低下(+1 分)、饮酒史或酒精滥用(+1 分)和罹患晚期疾病(+1 分)。上述 15 个条目由经过培训的护士进行评定,根据加分规则得出总分,分数越高代表自杀的风险越高,≤ 5 分为低自杀风险;6 ~ 8 分为中自杀风险;9 ~ 11 分为高自杀风险;≥ 12 分为极高自杀风险。由于该量表包含 15 项自杀风险预测因子,只要个体存在预测因子就给予表格中的相应得分,根据总分评估自杀风险的严重程度以及应采取的相应护理等级,因此有较好的效度和信度。NGASR 在精神科临床中易为经过培训的护理人员掌握使用,较易达到良好的一致性,量表的 Cronbach 系数大于 0.70,达到了较为满意的心理测量学量表品质要求。

三、评定量表的应用

1. **量表的用途**　作为病例的一般资料;作为科研被试的入组标准;疗效评定参照依据。

2. **量表应用的注意事项**

(1)对象:不同的量表适合于不同的对象,除了病种以外,还有年龄或住院和门诊的限制。

(2)评定的时间范围:按量表手册规定或临床/研究方案的要求。

(3)评定员:各量表对评定员的要求不一,多数要求为精神科医师和临床心理工作者。有些量表也可由精神科护士及其他研究人员执行。评定员一定要接受过有关量表评定的训练。

3. **量表结果的分析**

(1)总分的分析:①量表总分能较好地反映病情严重程度,也就是说,病情愈轻,总分越低,病情愈重,总分愈高。这是设计评定量表的最基本假设。一个较好的症状量表,应该能正确地反映病情严重程度。两者的相关程度,可以作为检验量表效度的重要标准之一。由于总分是反映病情严重程度的指标,因而是一项十分重要的一般资料。在具体研究中,或者把量表总分作为一项入组标准,或者是在一般资料中写明本研究(或各组)病人的量表总分范围和均值;②以治疗前后量表总分的改变反映疗效,是量表总分最主要的用途之一。就具体病人而言,其疗效判断可以用总分的减分率评估。减分率 =(治疗前总分 - 治疗后总分)/ 治疗前总分。一般认为减分率> 50% 为显效,≥ 25% 为有效。

(2)单项分的分析:①以单项分反映具体症状的分布。症状评定量表是评定临床症状的工具,量表的单项分能反映具体临床症状的分布。②以单项分变化反映靶症状的治疗效果。量表中各项症状治疗前后评分的变化,还能反映各靶症状的改善状况。可对各单项分的治疗前后的改变,分别作 t 检验分析,以单项分的变化来表明靶症状的治疗效果。

（3）因子分析和廓图：①因子分的计算：在用量表分析不同精神疾患的症状分布特点,或者比较治疗前后的症状变化时,量表的编制者们常用量表的因子分析方法,其基本原理就是以数理统计（多元分析）法将同类的或意义相近的项目归纳在一起,以便得出综合的、简明扼要的,同时又能反映受检者特点的结论；②用因子分析和廓图反映具体病人的心理病理学特点。

（4）以因子分析反映靶症状群的治疗结果：疗效评定也是健康评定量表的主要用途。采用因子分析,可反映靶症状群的治疗结果。

4. 评定量表在心理卫生评估中的价值 评定量表之所以广泛应用于心理卫生的评估领域中,主要在于其如下 4 个特点：①客观：不论是何人、在何时、何条件下来评定受评者,均应根据一定的客观标准来收集资料,作出等级评定,得到较为客观的结果；②数量化：使观察结果数量化,用数字语言代替文字描述,是研究样本较理想的入组指标和研究因素的变量形式；③全面：评定量表的内容应全面而系统,等级清楚；④经济方便。

5. 评定量表的选择和评价方法 选择和评价量表常用原则如下：①量表的功效：指所使用的量表能否全面、清晰地反映所要评定的内容特征、真实性如何；②敏感性：指选择的量表应该对所评定的内容敏感,即能测出受评者某特质、行为或程度上的有意义的变化；③简便性：指所选择的量表简明、省时和方便实施；④可分析性,指量表应有其比较标准,或者是常模,或者是描述性标准。

6. 评定量表的常见的误差及相关问题

（1）评定结果的常见误差：第一,参照标准不统一。第二,信息来源有问题。第三,"光环"效应。

（2）提高评定量表使用效用的措施：①评定者要有好的素质——要提高评定量表的使用效用,对评定者有较高要求。评定者必须有健康的人格和较为全面的专业知识。受过训练的评定者,其评定结果经一致性检验,应符合要求。②建立友好信任的关系——在进行量表评定时,评定者与受评者之间,一定要保持友好和信任的关系,而在这种关系的建立过程中,评定者起着主导的作用。③提高评定者动机——当评定者不是主要研究者或其专业知识有限,如普通护士、护理员等,应让他 / 她们有机会直接观察被评者的被评行为,多与主要研究者讨论量表的内容和评定结果,调动积极参与意识,提高其评定动机,以提高评定结果的可靠性。④正确掌握评定方法——评定结果要有效,就要严格按照量表使用手册规定方法进行评定。⑤正确和合理使用评定量表——评定量表的作用并未达到"尽善尽美"的程度,所以在认识其作用的同时,还要认识它的局限性。

（3）评定者掌握评定方法的评价：①符合率——两个或两个以上评定者检查同一批受评者,计算评定结果完全一致的人数占所评定人数的比例。这种方法是一种较简单的统计方法,一般符合率达 75% 即可,达 90% 就理想。如果符合率较高,评定者之间统计学差异又无显著性,则表示评定结果较可靠。②相关分析法——两名或两名以上评定者独立评定一批受评者,然后计算他们评定结果之间的相关程度。相关程度大小用相关系数表示,一般认为相关系数在 0.7 以上即可以接受,大于 0.9 则认为评定结果可靠。但相关系数仅表示评定结果之间的相关关系,并不表示真正的一致。当评定者结果存在明显系统误差时,相关系数也可以很高,这种情况会导致评定者间结果一致性很高的错误印象。最好的解决办法是结合其他检验方法来进行考虑。

习　题

一、名词解释

1. 心理健康评定量表
2. 图解评定量表
3. 自评量表
4. 他评量表
5. 因子分析方法
6. 量表的功效
7. 量表的敏感性
8. 评定者一致性
9. 符合率
10. 相关分析法

二、单项选择题

1. 下列量表为自评量表的是(　　　)。
   A. 康奈尔医学指数　　　B. 汉密尔顿抑郁量表　　　C. 汉密尔顿焦虑量表
   D. 简明精神病量表　　　E. Young 躁狂评定量表

2. 自评量表的适宜分级为(　　　)。
   A. 3~5 级　　　　　　　B. 3~7 级　　　　　　　C. 5~7 级
   D. 5~9 级　　　　　　　E. 5~11 级

3. 下列量表采用二分法的是(　　　)。
   A. BPRS　　　　　　　　B. EPQ　　　　　　　　C. HAMD
   D. SDS　　　　　　　　 E. HAMA

4. 下列量表**不属于**评价积极心理品质的量表是(　　　)。
   A. 一般自我效能量表　　B. 心理幸福感量表　　　C. 人生意义问卷
   D. 症状自评量表　　　　E. PHQ-9 问卷

5. 下列哪个量表用来评价受试者对自我持正性或负性的感受(　　　)。
   A. 一般自我效能量表　　B. 生活满意度量表　　　C. 社会支持评定量表
   D. 人生意义量表　　　　E. 认知情绪调节问卷

6. 关于生活满意度量表说法**错误**的是(　　　)。
   A. 包括三个独立的分量表　　　　　　　B. 属于自评量表
   C. 既有自评量表又有他评量表　　　　　D. 得分越高生活满意度越高
   E. LSR 得分在 5(满意度最低)和 25(满意度最高)之间

7. 下列用来探讨生命的目标、意义和使命的量表是(　　　)。
   A. 一般自我效能量表　　B. 心理幸福感量表　　　C. 人生意义量表
   D. 生活满意度量表　　　E. 生活事件量表

8. 生活事件评定量表评定的时间范围为(   )。

    A. 3 个月内　　　　　　　B. 半年内　　　　　　　C. 一年内

    D. 两年内　　　　　　　　E. 三年内

9. 属国内具有自主知识产权的量表是(   )。

    A. 社会支持评定量表　　　B. 生活满意度量表　　　C. 简明精神病量表

    D. 生活事件量表　　　　　E. 一般自我效能量表

10. 认知情绪调节问卷针对的人群是(   )。

    A. 12 岁以上个体　　　　B. 14 岁以上个体　　　C. 16 岁以上个体

    D. 18 岁以上个体　　　　E. 成人

11. 下列选项中**不全属于**症状自评量表九个因子的是(   )。

    A. 强迫症、人际关系敏感、焦虑　　　　　B. 抑郁、敌对、恐惧

    C. 偏执、精神病性、焦虑　　　　　　　　D. 抑郁、躯体化、绝望感

    E. 躯体化、绝望、焦虑

12. 下列**不属于**汉密顿抑郁量表因子结构的是(   )。

    A. 焦虑/躯体化、体重　　B. 认知障碍、日夜变化　　C. 阻滞、睡眠障碍

    D. 绝望感、抑郁　　　　　E. 绝望感、睡眠障碍

13. 汉密顿焦虑量表(HAMA-14)的划界分是(   )。

    A. 6　　　　　　　　　　B. 7　　　　　　　　　C. 14

    D. 21　　　　　　　　　E. 29

14. 下列关于 7 项广泛性焦虑障碍量表(GAD-7)的叙述**不正确**的是(   )。

    A. 属自评问卷

    B. 总分越高,病情越重

    C. 评定时间范围为过去一周内

    D. 可用于广泛性焦虑的筛查及症状严重度的评估

    E. 对社交恐惧症、惊恐障碍、创伤后应激障碍等也有较好的筛查评估作用

15. 9 项患者健康问卷(PHQ-9)评定的时间范围为(   )。

    A. 过去 1 周内　　　　　B. 过去 2 周内　　　　C. 过去 3 周内

    D. 过去 1 月内　　　　　E. 过去 3 月内

16. 简明精神病量表,一般研究入组标准分为(   )。

    A. ≥30 分　　　　　　　B. ≥35 分　　　　　　C. >30 分

    D. >35 分　　　　　　　E. >36 分

17. PTSD 诊断量表(CAPS)总分的改变(   ),认为有临床意义。

    A. ≥30 分　　　　　　　B. ≥25 分　　　　　　C. ≥20 分

    D. ≥15 分　　　　　　　E. >16 分

18. 在评定量表的误差中,对一个人的总的看法影响了对具体特质的评定,这种误差是(   )。

    A. 严格误差　　　　　　B. 逻辑误差　　　　　C. 认知误差

    D. 光环效应　　　　　　E. 抽样误差

19. 下列说法中,正确的是(   )。

    A. 将具有代表性行为构成的项目集,对代表性人群进行测试,标准化后的数量化系统

B. 用标准化测验或量表,在标准情境下,对人的外显行为进行观察,并将结果按照数量或类别加以描述的过程

C. 对心理的某方面的品质,采用多种手段进行系统性的观察和综合评价

D. 心理测验就是依据心理学理论,使用一定的操作程序,通过观察人的少数有代表性的行为,对于贯穿在人的全部行为活动中的心理特点做出推论和数量化分析的一种科学手段

E. 了解评定者是否掌握了评定方法及其掌握的程度,一般都需要进行一致性检验。符合率是一致性检验常用的统计方法,符合率达60%即可,达85%则为理想

三、多项选择题

1. 按评定者性质可将量表分为(　　)。
   A. 主观评定量表　　　　　B. 自评量表　　　　　　C. 自陈量表
   D. 检核表　　　　　　　　E. 他评量表

2. 按量表项目编排方式,可将量表分为(　　)。
   A. 数字评定量表　　　　　B. 图解评定量表　　　　C. 焦虑抑郁评定量表
   D. 标准评定量表　　　　　E. 强迫选择评定量表

3. 下列属于心理幸福感量表维度的是(　　)。
   A. 自主　　　　　　　　　B. 环境驾驭　　　　　　C. 个人成长
   D. 消极人际关系　　　　　E. 自我接受

4. 下列属于生活事件评定量表的维度的是(　　)。
   A. 家庭生活方面　　　　　B. 工作学习方面　　　　C. 个人成长方面
   D. 社交及其他方面　　　　E. 恋爱婚姻方面

5. 下列属于社会支持评定量表维度的是(　　)。
   A. 客观支持　　　　　　　B. 主观支持　　　　　　C. 对社会支持的感兴趣度
   D. 对社会支持的利用度　　E. 对社会支持的接受度

6. SCL-90 量表指标包括(　　)。
   A. 总均分　　　　　　　　B. 阳性症状均分/痛苦指数　C. 阴性水平痛苦水平
   D. 阳性项目数　　　　　　E. 因子分

7. 下列属于 CERQ 分量表的是(　　)。
   A. 自我责难、接受　　　　　　　　　　B. 沉思、积极重新关注
   C. 重新关注计划、积极重新评价　　　　D. 理性分析、灾难化
   E. 责难他人

8. BPRS 量表中需要根据对病人观察进行评定的项目是(　　)。
   A. 关心身体健康、焦虑、概念紊乱　　　B. 情感交流障碍、紧张、装相和作态
   C. 罪恶观念、夸大、心境抑郁　　　　　D. 动作迟缓、不合作、情感评定
   E. 猜疑、幻觉、不寻常的思维内容

9. 贝克自杀意念量表(SSI)的 3 个因子包括(　　)。
   A. 积极自杀意愿　　　　　B. 消极自我评价　　　　C. 消极自杀意愿
   D. 绝望感　　　　　　　　E. 自杀准备

10. 量表的用途包括(　　)。

A. 作为病例的一般资料　B. 作为病人的入组标准　　C. 疗效评定
　　D. 病人的诊断标准　　　E. 人群筛查

四、问答题

1. 简要阐述量表的内容。
2. 简述评定量表的特点。
3. 简述量表选择和评价原则。
4. 简述量表结果分析常用统计量。
5. 简述评定量表的常见误差及提高评定量表使用效用的措施。

参 考 答 案

一、名词解释

1. 心理健康评定量表：应用于心理健康领域，对心理健康的某些方面进行评定，用来量化观察中所得印象的一种测量工具。

2. 图解评定量表：是把待评定的每一行为列成从左到右一线条或其他示意图，评定者根据情况在相应地段上做出选择。

3. 自评量表：由受评者自己填写的量表，受评者对照量表的各项目陈述选择符合自己情况的答案并做出程度判断。

4. 他评量表：由评定者填写的量表，评定者一般由专业人员担任，根据自己的观察或对被评定者的访谈，也可询问知情者的意见，或综合这两方面情况对受评者的某些行为加以评定。

5. 因子分析方法：以数理统计（多元分析）法将同类的或意义相近的项目归纳在一起，以便得出综合的、简明扼要的，同时又能反映受检者特点的结论。

6. 量表的功效：指所使用的量表能否全面、清晰地反映所要评定的内容特征及其真实性。

7. 量表的敏感性：指选择的量表应该对所评定的内容敏感，即能测出受评者某特质、行为或程度上的有意义的变化。

8. 评定者一致性：指初学评定者在使用同一量表过程中其观察、记录和评分方面与熟练掌握者之间的一致性，或者为不同评定者相互间在这些方面的一致性程度，即评定结果的一致性。

9. 符合率：两个或两个以上评定者检查同一批受评者，计算评定结果完全一致的人数所占评定人数的比例。

10. 相关分析法：两名或两名以上评定者独立评定一批受评者，然后计算他们评定结果之间的相关程度。

二、单项选择题

　1. A　　2. A　　3. B　　4. D　　5. A　　6. B　　7. C　　8. C　　9. A　　10. A
11. D　　12. D　　13. C　　14. C　　15. B　　16. D　　17. D　　18. D　　19. D

三、多项选择题

1. BE   2. ABDE   3. ABCE   4. ABD   5. ABD   6. ABDE

7. ABCDE   8. BDE   9. ACE   10. ABC

四、问答题

1. 简要阐述量表的内容。

答：量表一般都包括以下几个方面的内容：①评定量表的名称，量表名称可以是仅指明量表的种类，也可以是既说明量表的类型，又指明量表的编制者或编制单位。②评定量表项目，每一量表中均包括若干项目，每一项目都是描述一种心理特质、行为、症状、现象的陈述句。③评定量表中的项目定义：一般来说，对于他评量表，要求对每一个项目的内容做出比较严格的定义。④项目分级，量表中每一项目均分成若干等级，有的采用二分法，大多数采用多级评分。⑤评定量表的评分标准，一般来说有两种，一种是项目内容出现的严重程度，另一种是项目内容在一段时间内出现的频度，也可以是两者的结合。

2. 简述评定量表的特点。

答：评定量表的特点：客观、数量化、全面、经济方便。

3. 简述量表选择和评价原则。

答：选择和评价量表的原则：量表的功效、敏感性、简便性、可分析性。

4. 简述量表结果分析常用统计量。

答：（1）总分的分析：①以总分反映病情的严重程度。量表总分能较好地反映病情严重程度，也就是说，病情越轻，总分越低，病情越重，总分越高。②以总分变化反映病情演变。以治疗前后量表总分的改变反映疗效，是量表总分最主要的用途之一。就具体病人而言，其疗效判断可以用总分的减分率评估。减分率 =（治疗前总分 − 治疗后总分）/ 治疗前总分。一般认为减分率 > 50% 为显效，≥ 25% 为有效。

（2）单项分的分析：以单项分反映具体症状的分布；以单项分变化反映靶症状的疗效效果。

（3）因子分析和廓图：①因子分计算。在用量表分析不同精神疾患的症状分布特点，或者比较治疗前后的症状变化时，量表的编制者们常用量表的因子分析方法，其基本原理就是以数理统计（多元分析）法将同类的或意义相近的项目归纳在一起，以便得出综合的、简明扼要的，同时又能反映受检者特点的结论。②用因子分析和廓图反映具体病人的心理病理学特点。

（4）以因子分析反映靶症状群的治疗结果。

5. 简述评定量表的常见误差及提高评定量表使用效用的措施。

答：评定量表的常见误差：参照标准不统一；信息来源有问题；"光环"效应。

提高评定量表使用效用的措施：提高评定者的素质；建立友好的信任关系；提高评定者动机；正确掌握评定方法；正确和合理地使用评定量表。

（王再超 王 昭 张 东）

学习目标

1. **掌握**　神经心理学的概念；神经心理评估的概念及目的；影响神经心理学测验结果的因素；常用的神经心理单项测验；常用失语症和痴呆筛查量表；功能性磁共振成像的概念；事件相关电位的概念；事件相关电位的基本成分。

2. **熟悉**　心理测验结果的解释；神经心理评估的常用测验；常用的神经心理成套测验；失语症的神经心理学测量；其他痴呆筛查测评量表；功能性磁共振成像原理；功能性磁共振成像应用要求；事件相关电位的实验模式。

3. **了解**　国外失语症检查；功能性磁共振成像应用范围；功能性磁共振成像技术的发展；其他脑功能成像技术（PET、MEG、TMS）。

重点和难点内容

一、神经心理学

指从研究脑损伤患者的功能损害或行为表现的角度，探索脑结构和功能关系的一门学科。

二、神经心理评估

1. **概念**　是对大脑功能受损者的心理行为进行测查和评价，是神经心理学研究与临床实践的重要手段。

2. **目的**　神经心理评估的主要目的包括以下几个方面。

（1）诊断：神经心理评估最初的应用目的主要是诊断，即根据脑损伤后行为的改变来推断病变部位。

（2）制订治疗和康复计划：神经心理评估的敏感性和精确性，使其在疾病的整个病程中都适合进行评定。定期进行评估，可以为神经系统的恢复情况、速度及方式提供有效的心理学依据，也可用于评价治疗和再训练的效果。评估也可为患者及其家属提供所需信息，以利于制订客观现实的治疗目标。

（3）研究：神经心理评估可以对特定部位脑损伤患者的各种认知功能进行科学测查，发现不同认知功能间的分离（双分离或单分离），研究大脑活动对行为的影响，脑部损害与行为障碍的相互关系，从而探索脑结构和功能之间的关系。

（4）预测：神经心理评估对预测其病情的转归有很大帮助。

3. **影响神经心理学测验结果的因素**

（1）年龄：年龄与很多神经心理功能是有关的。因此，需要辨明测验结果受年龄的影响程度。

（2）个体的智力与其受教育程度：它们对神经心理测验的完成水平均有显著影响。

（3）测验动机：当受测者的测验动机不足时，其结果会受到影响。

（4）其他一些影响测验表现的变量：如指导语、暗示、评分等的差异，都可能使测验结果不准确。

4. **心理测验结果的解释** 划界分是根据受试者在测验中的作业水平，判断脑功能是否损害的一种常用方法，由此可以较准确地区分出患者和正常人。然而，在应用时应根据受试者的年龄、文化水平、性别及测验目的等进行综合考虑。模式分析可推测脑功能缺损的性质和程度。临床神经心理评估依赖多项测验的应用，要从多个角度对受试者的脑功能进行全面的了解和分析，从而得出正确和有意义的解释。

三、神经心理评估的常用测验

1. **单项测验** 记忆功能测试如数字广度记忆、Rey 听觉 - 词汇学习测试、本顿视觉保持测验；注意功能测试如符号 - 数字模式测验、连线测验、划消测验、连续作业测验、倒行掩蔽测验；执行功能测试如威斯康星卡片分类测验、Stroop 色字干扰测验、词语流畅性测验；知觉功能测试包括线方向判定测验及 Hooper 视觉组织测验。

2. **常用的神经心理成套测验** Halstead-Reitan 成套（HRB）测验、Luria-Nebraska 成套测验（LNB）、精神分裂症认知功能成套测验及国内的神经心理学成套测验、韦氏记忆量表、临床记忆量表等。

四、失语症的神经心理学测量

1. **汉语失语症测验** 中华神经精神病学分会神经心理学组的一些专家根据波士顿诊断性失语症测验（BDAE）和西方失语成套测验（WAB），结合中国国情制定，主要包括口语表达、听理解、阅读、书写几个分测验。

2. **汉语失语成套测验** 是国内常用的失语症检查方法。该测验在西方失语成套测验（WAB）的基础上结合我国国情制定，通过不同亚项测试可做出失语症分类诊断。因其具备较好的信效度，在临床评估及相关科研工作中应用广泛，主要包括以下 6 个方面的测验：口语表达、复述、命名、理解、阅读和书写。

3. **汉语标准失语症测验** 由中国康复研究中心在 1990 年编制。包括 30 个分测验，主要检测听理解、复述、说、朗读、阅读、抄写、描写、听写和计算能力。

4. **基于计算机辅助的言语障碍诊断** 陈卓铭等研发的言语障碍诊治仪 ZM2.1 是一种计算机辅助的诊断筛选系统。共设计 65 道检测题，包含：听检查、视检查、语音检查、口语表达 4 部分。

5. **国外失语症检查** 包括 Halstead-Wepman 失语症筛选测验、明尼苏达失语症测验、波士顿诊断性失语症测验、西方失语成套测验、标记测验、Head 失语检查法、Spreen-Benton 失语症测验等。

五、痴呆的筛查量表

1. **痴呆** 是一种渐进式的认知衰退，造成多方面的认知、行为功能失常，影响到日常生活中人际关系和工作能力。

2. **常用筛查量表** 简明精神状态量表（MMSE）、长谷川痴呆量表（HDS）、Mattis 痴呆评定量表（DRS）、阿尔茨海默病评估量表（ADAS）、蒙特利尔认知评估量表（MoCA）。

3. **其他单项测试** 画钟测验、California 词语学习测验、Boston 命名测验、Rey-Osterrieth 复杂图形测验、连线测验、Stroop 色词测验。

六、功能性磁共振成像

1. **概念** 是以血流和人脑神经细胞活动的关系为依据而建立的一种脑功能成像技术。目前应用最多的方法是依靠血氧合水平磁共振成像法。

2. **实验设计** 组块设计（blocked design）和事件相关设计（event related design）。

3. **应用范围** 用于正常人脑区（视觉、听觉、嗅觉、运动、情绪、感觉及语言等）的基础研究和在临床应用（神经内科、神经外科、精神科等）。

七、事件相关电位

1. **概念** 是一种特殊的脑诱发电位，凡是外加一种特定的刺激，作用于感觉系统或脑的某一部位，在给予刺激或撤销刺激时，或当某种心理因素出现时，在脑区引起的电位变化都可成为事件相关电位。

2. **基本成分** 伴随性负波（CNV）、P_{300}、失匹配负波（MMN）、N_{200}、N_{400} 等。

3. **实验范式** 刺激模式和实验模式。

八、其他脑成像方法

正电子发射计算机断层扫描术（PET）、脑磁图（MEG）和经颅磁刺激技术（TMS）。

习 题

一、名词解释

1. 神经心理学
2. 神经心理评估
3. 功能性磁共振成像
4. 事件相关电位

二、单项选择题

1. 以下（   ）测验检查注意功能。

  A. 数字广度记忆   B. Rey 听觉 - 词汇学习测试 C. 本顿视觉保持测验

  D. 符号 - 数字模式测验 E. 威斯康星卡片分类测验

2. 以下(　　)测验反映执行功能。

  A. 划消测验   B. 威斯康星卡片分类测验 C. 线方向判定测验

  D. 倒行掩蔽测验   E. 连线测验

3. 以下(　　)测验反映额叶功能。

  A. 词语流畅性测验   B. 本顿视觉保持测验   C. 音乐节律测验

  D. 线段等分测验   E. 面孔再认测验

4. 下列**不属于**记忆测验的是(　　　　)。

  A. 数字广度记忆   B. Rey 听觉 - 词汇学习测试 C. 本顿视觉保持测验

  D. 连线测验   E. Ruff 路线学习测验

5. 下列**不属于**成人版的 HR 成套神经心理测验范畴的是(　　　　)。

  A. 握力检查   B. 手指敲击测验   C. 音乐节律测验

  D. 图形配对测验   E. 失语甄别测验

6. 香港大学临床心理研究所和安徽医科大学认知神经实验室结合国内外已有的测试，联合编制了神经心理学成套测验(HKU-AHMU BATTORY)。该测验共由(　　　　)个分测验组成。

  A. 12   B. 10   C. 9

  D. 8   E. 6

7. 线方向判定测验主要评估的认知功能是(　　　　)。

  A. 记忆功能   B. 注意功能   C. 知觉功能

  D. 执行功能   E. 理解功能

8. 汉语失语症检查法**不包括**(　　　　)。

  A. 口语表达   B. 理解   C. 阅读

  D. 利手测定   E. 书写

9. MATRICS 是针对(　　　　)类人群的心理测验。

  A. 高血压病   B. 精神分裂症   C. 癌症

  D. 糖尿病   E. 痴呆

10. 主要用于筛查轻度认知功能障碍的量表是(　　　　)。

  A. 蒙特利尔认知评估量表   B. Mattis 痴呆评定量表

  C. 简明精神状态量表   D. 阿尔茨海默病评估量表

  E. 临床痴呆评定量表

11. 主要针对阿尔茨海默病患者的神经精神症状的测评，并且分为认知功能(ADAS-cog)与非认知功能(ADAS-noncog)两部分的量表是(　　　　)。

  A. 蒙特利尔认知评估量表   B. Mattis 痴呆评定量表

  C. 简明精神状态量表   D. 阿尔茨海默病评估量表

  E. 临床痴呆评定量表

12. 下列**不属于** AD 常用的筛查量表的是(　　　　)。

  A. 简明精神状态量表 B. 阿尔茨海默病评估量表 C. 蒙特利尔认知评估量表

D. Boston 命名测验　　　E. 长谷川痴呆量表

13. ERP 的主要成分中,(　　　)成分的波幅与所投入的心理资源量呈正相关,并且与认知过程中的抑制成分高度相关。

A. N2　　　　　　　　B. P3　　　　　　　　C. CNV

D. MMN　　　　　　　E. N_{400}

14. ERP 的(　　)成分与语言刺激有关。

A. N2　　　　　　　　B. P3　　　　　　　　C. N_{400}

D. MMN　　　　　　　E. CNV

15. ERP 的(　　)成分可用于测谎研究。

A. N2　　　　　　　　B. P3　　　　　　　　C. N_{400}

D. MMN　　　　　　　E. CNV

三、多项选择题

1. 神经心理评估的目的包括(　　　)。

A. 诊断　　　　　　　B. 研究　　　　　　　C. 预测

D. 制订治疗和康复计划　E. 治疗

2. 影响神经心理学测验结果的因素包括(　　　)。

A. 年龄　　　　　　　B. 教育水平　　　　　C. 配合程度

D. 暗示　　　　　　　E. 指导语

3. 下列符合 AD 诊断标准的选项是(　　　)。

A. 失语　　　　　　　B. 执行功能障碍　　　C. 失认

D. 失用　　　　　　　E. 语速缓

4. 汉语失语成套测验中对失语的评估包括(　　　)。

A. 口语表达　　　　　B. 复述　　　　　　　C. 翻译

D. 理解　　　　　　　E. 命名

5. 下列属于 ERPs 的内源性(心理性)成分的选项有(　　　)。

A. N2　　　　　　　　B. P3　　　　　　　　C. N_{400}

D. MMN　　　　　　　E. CNV

四、问答题

1. 神经心理评估的目的是什么?

2. 简述影响神经心理学测验结果的因素。

参 考 答 案

一、名词解释

1. 神经心理学:是从研究脑损伤患者的功能损害或行为表现的角度,探索脑结构和功能关系的一门学科。

2. 神经心理评估：是对大脑功能受损者的心理行为进行测查和评价，是神经心理学研究与临床实践的重要手段。

3. 功能性磁共振成像：是以血流和人脑神经细胞活动的关系为依据而建立的一种脑功能成像技术。目前应用最多的方法是依靠血氧合水平磁共振成像法。

4. 事件相关电位：是一种特殊的脑诱发电位，凡是外加一种特定的刺激，作用于感觉系统或脑的某一部位，在给予刺激或撤销刺激时，或当某种心理因素出现时，在脑区引起的电位变化都可成为事件相关电位。

二、单项选择题

1. D　　2. B　　3. A　　4. D　　5. D　　6. A　　7. C　　8. D　　9. B　　10. A
11. D　　12. D　　13. B　　14. C　　15. B

三、多项选择题

1. ABCD　　　2. ABCDE　　3. ABCD　　　4. ABDE　　5. AB

四、问答题

1. 神经心理评估的目的

答：第一，诊断。神经心理评估最初的应用目的主要是诊断，即根据脑损伤后行为的改变来推断病变部位。第二，制订治疗和康复计划。神经心理评估的敏感性和精确性，使其在疾病的整个病程中都适合进行评定。定期进行评估，可以为神经系统的恢复情况、速度及方式提供有效的心理学依据，也可用于评价治疗和再训练的效果。评估也可为患者及其家属提供所需信息，以利于制订客观现实的治疗目标。第三，研究。神经心理评估可以对特定部位脑损伤患者的各种认知功能进行科学测查，发现不同认知功能间的分离（双分离或单分离），研究大脑活动对行为的影响，脑部损害与行为障碍的相互关系，从而探索脑结构和功能之间的关系。第四，预测。神经心理评估对预测其病情的转归有很大帮助。

2. 影响神经心理学测验结果的因素

答：第一，年龄与很多神经心理功能是有关的。因此，需要辨明测验结果受年龄的影响程度。第二，智力与教育程度关系密切，而它们对神经心理测验的完成水平均有显著影响。第三，测验动机：当受测者的测验动机不足时，其结果会受到影响。第四，其他一些影响测验表现的变量，如指导语、暗示、评分等的差异，都可能使测验结果不真实。

（张　蕾）

第十一章　　心理生理评估

学 习 目 标

1. **掌握**　心理生理评估的概念；基础生理指标测量；电生理指标测量；神经影像学测量；疼痛的心理反应评估；疼痛的行为反应评估的适用人群；疼痛时常测定的生理相关指标；生物反馈的应用。

2. **熟悉**　生物反馈疗法；常用的生物反馈仪；多导睡眠检测。

3. **了解**　多参量心理测谎仪测试技术；事件相关电位测谎技术；功能磁共振测谎技术。

重点和难点内容

一、常用基础生理指标

(一)心血管系统常用指标的测量

1. **心率**　心率与情绪等心理状态密切相关，通常可采用心电图仪、心动仪等来测定。心电图仪是用来描记心脏电变化的临床常用仪器。这里我们借助心电图的 R-R 间隔来计算心率。心动仪用来记录有效心脏搏动，并显示在监视器上，由它反映出来的心率是动态变化着的。

2. **心脏收缩能力**　心室收缩强度可以很好地反映交感神经的兴奋状态，并进而反映人的心理状态发生变化。衡量心脏收缩能力的常用指标有 dp/dt、收缩时间间隔、心阻抗图、T 波振幅等。

3. **心排血量**　目前心排血量的测定是利用超声心动图实现的，超声心动仪通过探头发射出超声声束到胸腔内，由于胸腔内各种结构或物质(如血液)具有不同的声学阻抗，所以反射回来的超声波也因不同的结构或物质而不相同，返回的超声波经过声电换能放大，最终呈现出图像。分析图像可以获得心脏的结构、运动及维度的信息，进而分析获得心排血量大小等信息。

4. **血流动力学指标**　血流在各脏器中的重新分配是心理生理功能调节的一个重要方面，外周血流、血压两个测量方法安全易行，被广泛应用。

(1)外周血流量：主要采用两种无创性方法测量外周血流量的时间性和紧张性变化。一种方法是皮肤毛细血管床的血流量测定,检测部位是手指或耳朵;另一种方法是骨骼肌血流量测定,检测部位常常是前臂。最常使用的技术是"容积描记法"。

（2）血压:是血液流经循环系统最大的影响因素之一,它的常用测量指标有收缩压、舒张压、脉压差和平均动脉压。心理生理学实验研究中,对人体动脉血压的测量主要是采用无创伤性的间接测量法,其中最常用的是听诊技术。其他测定血压的方法还有心搏跟踪技术,通过脉搏传导时间检测血压的无袖带式动态血压仪,以及经动脉测量血压技术等。

5. **心率变异性** 心率变异性是指每次心搏间期的微小差异,其大小实质上是反映神经体液因素对窦房结的调节作用,也就是反映自主神经系统交感神经活性与迷走神经活性及其平衡协调的关系。在迷走神经活性增高或交感神经活性减低时,心率变异性增高,反之相反。心率变异性的分析指标主要有时域指标和频域指标两种指标。

(二)呼吸系统常用指标的测量

1. **呼吸率** 是一项最直接的分析指标。计算某一时程的呼吸周期数,取其均值(如每分钟呼吸次数)即为呼吸率。

2. **通气量** 是肺功能测量的常用指标,最常用的肺通气量分析技术是呼吸量测定法,它还可以按呼吸曲线分别计算呼吸频率及气量,或由积分面积求出每分通气量或最大通气量。

3. **吸气分数** 它是将吸气时限除以呼气时限,再去除吸气时间所得。

(三)消化系统常用指标的测量

1. **胃排空** 胃排空是第一线诊断方法,其结果显示的实际上是胃容纳食物、推送食物、碾磨食物直至排出食糜的综合结果。其指标主要有:

（1）T50%:指排出 50% 所需要的时间。

（2）排出 %:指在某一时间排出的百分比。

（3）排空曲线的形态和延迟相的时限。

其方法有核素法、超声法、不透 X 线标志物法以及吸收法等。目前认为放射性核素法是一种灵敏的、无创的、符合生理过程的检测方法,其测定的胃半排空时间被认为是胃排空定量分析中的金标准。

2. **胃压** 胃收缩和舒张运动可直接影响胃内压变化,因此测定胃内压也是研究胃运动的主要方法之一。方法主要是将胃肠测压管经鼻腔插入胃、十二指肠,通过胃测压仪检测压力波变化来实现的。

3. **胃张力** 进餐时胃的近端舒张,以容纳食物,继而胃张力恢复。胃张力记录可以发现胃的储存功能是否正常。

(四)生殖系统常用指标的测量

1. **男性** 勃起时阴茎周径测量、阴茎温度测量和阴茎动脉血流测量。

2. **女性** 阴道血管扩张、阴道血流量和阴道温度变化。

(五)其他系统常用指标的测量

眼动的研究被认为是视觉信息加工研究中最有效的手段。注视、眼跳和追随运动是眼动的三种基本类型,不同类型的眼球运动受到自上而下和自下而上的信息的驱动。研究者可以借助眼动仪来记录认知过程中人们的眼动特征,从而推测和判断心理加工过程。

二、电生理指标测量

(一)肌电图

肌电图描记术是用金属电极、放大器和示波器记录沿肌膜传导的肌肉动作电位技术。这种肌肉动作电位是由于神经系统内自发的、随意的反射性活动或电刺激活动而产生的。肌电图描记术分为针肌电图描记术和表面肌电图描记术。

1. **针肌电图描记术**　置电极于肌肉纤维之间,可在仔细确定的肌肉内记录单肌纤维或单运动的肌电活动。

2. **表面肌电图描记术**　置电极在覆盖肌肉的皮肤上,只能提供不太精确的,较为整合的肌电活动图像。从皮肤表面肌肉点记录到的电压幅度,能够可靠的代表肌肉收缩的力量。需要强调的是,记录下来的面部肌电图信号是代表肌肉收缩的电活动,而不是实际上的肌肉运动。这让面部及肌电图成为一种非常敏锐的情绪加工测量。此外,肌电图还是当今心理生理学研究紧张状态的最普遍的技术方法之一。

(二)皮肤电传导

1. **皮肤电传导**　是由皮肤电传导耦合器记录皮肤表层电属性发生变化所需要的电信号。目前有两种不同的记录系统来测量通过皮肤表面的电活动变化——记录和储存电阻、直接记录皮肤电传导。

2. **利用皮肤电传导作为心理生理评估指标**　手掌和脚底的外泌汗腺是测量对象。

(三)胃电图

胃电图是采用表面电极经人体腹壁表面记录到的胃的电变化,它是评价胃功能活动重要的客观电生理指标。频率为每分钟 3 次的胃电图反映了发生于胃的起步点电位,多数情况下胃电图振幅的增加表示胃收缩活动的增加。

(四)脑电图

1. **概念**　通过在头皮表面放置适当的电极,将神经元综合电位变化放大,描记于纸上或在计算机上显示、记录、存储。它反映"活"的脑组织功能状态,是目前监测脑功能较为敏感的无创性检测方法。

2. **分类**

(1)α波:频率在 8 ~ 13Hz,波幅 25 ~ 75μV,以顶枕部最明显,双侧大致同步,这通常与相当彻底的放松相关。

(2)β波:频率在 13Hz 以上,波幅约为 δ 波的一半,额部及中央区最明显,通常与警觉性有关。

(3)θ波:频率为 4Hz ~ 7Hz,波幅 20 ~ 40μV,是儿童的正常脑电活动,两侧对称,颞区多见。

(4)δ波:频率为 4Hz 以下,δ 节律主要在额区,是正常儿童的主要波率,也与人类的健康睡眠有关,单个的和非局限性的小于 20μV 的 δ 波是正常的,局灶性的 δ 波则为异常。

3. **影响因素**　脑电图主要受年龄、个体差异、意识状态、外界刺激、精神活动、药物影响和脑部疾病等因素影响。在病理状态下,脑电图波形的异常又与病因及病情严重程度有关,除大多数表现为广泛性或弥漫性波外,还可见到一些特殊的异常波型。临床上常根据这些异常波型来推断意识障碍的病因及程度,还可确定病变脑区。

4. **脑电图与意识觉醒水平的关系** 正常成人觉醒时的脑电图是以 α 波为基本波,间有少量散在快波和慢波;成人若在觉醒状态出现困倦时,脑电图就由 α 波占优势的图形渐出现振幅降低频率下降的 θ 波,并很快转入 θ 波状态;入睡后脑波变化将进一步明显,并与睡眠深度大致平行。

5. **脑电图与心理的联系** 情绪变化程度过强或频率过高时,大脑电活动可出现大脑兴奋和抑制过程均衡性失调,导致焦虑和抑郁等负情绪增长,产生多种精神疾病,如焦虑症、抑郁症等。临床医学也发现抑郁症和焦虑症患者的脑电图存在异常,主要特征为 α 波能量相对减少。

6. **脑电图描记技术**

(1)常规脑电图(REEG):一般指在病人安静、闭目、觉醒状态下记录下来的脑电波的形态。

(2)便携式脑电图:指利用便携式脑电图仪对脑电波进行记录、显示、分析及存贮。

(3)动态脑电图(AEEG):指能作 24 小时或更长时间的长期描记。

(4)视频脑电图(video-EEG):在脑电图检查的同时进行录像。

(五)脑诱发电位

脑诱发电位是一种用计算机叠加技术检查神经系统功能状态的一种检测手段,它可以将单一心理活动的脑电变化从大量的脑电活动背景中分离出来,使通过脑电生理技术研究细微的心理变化成为可能。脑诱发电位的影响因素多种多样,个体差异、年龄、性别、意识状态、注意现象、体内生理条件的改变、优势眼、眼球运动、烟酒及药物因素都会对脑诱发电位的波形产生影响。

1. **听觉诱发电位** 听觉诱发电位一般按潜伏期将其分为早、中、晚成分。

(1)早成分:潜伏期在 10ms 以内,代表耳蜗和脑干听神经核的激活,也称脑干电位,它是一个生理声音尺度,深睡对早成分没有影响。

(2)中成分:潜伏期为 12～50ms,代表皮层和丘脑听觉投射系统的激活,但受头皮肌肉同时发生的反射性电位的严重干扰。

(3)晚成分:潜伏期约 100ms 的负波 N_1、约 160ms 的正波 P_2 及其后的负波,产生于听觉通路投射的皮层结构,是反映大脑皮层投射区神经活动的电位,它不是进入耳的声音的物理特性的反映,而是受试者对于刺激的意义和重要性的反映,更容易受觉醒和注意力的影响。

精神分裂症的听觉诱发电位变化是 N_1、P_2 波幅波降低,N_2 潜伏期缩短。

2. **视觉诱发电位** 根据视觉通路的不同水平,可分为视网膜诱发电位、皮层下视觉诱发电位和皮层视觉诱发电位。

皮层视觉诱发电位:皮层视觉诱发电位在心理生理学研究中应用最广,通常简称为视觉诱发电位,采用闪光或图形变化等光刺激获得。因为闪光刺激无需患者的通力配合,所以它对精神疾病、小儿癫症、诈病、智能低下者仍是有用的。视觉诱发电位潜伏期缩短与精神分裂症"阳性"症状有关,而潜伏期的延迟与情感平淡等"阴性"症状有关。

3. **体感诱发电位** 用电流脉冲刺激指、趾皮神经或肢体大的混合神经干中的感觉纤维,在肢体神经、脊椎的皮肤表面和感觉投射区相应的头皮上记录到的电位变化,即为躯体感觉诱发电位。长潜伏期体感诱发电位与皮层的功能状态及复杂的心理生理因素有关。

4. 事件相关电位 P$_{300}$ 事件相关电位 P$_{300}$ 是指当一个刺激的出现对于被试者来说具有重要信息意义时,在潜伏期平均 300ms(200~700ms)处会出现一个"正相诱发电位"。该电位与"认识过程有关",并且是由"有意义的事件"引起的,它能综合反映不同的智力活动过程。事件相关电位拥有一个由 P$_{300}$ 和 N$_{400}$、P$_{250}$、N$_{200}$ 等组成的家族,研究者可以设计通过各种感觉器官的不同刺激模式引出以上不同形式的事件相关电位。P$_{300}$ 是用至少两种或两种以上的刺激编制成刺激序列(一般由靶刺激和非靶刺激组成纯音 oddall 模式)诱发而获得。其电活动以顶中央最大,额叶较小,特点是除了包括易受刺激物理特性影响的外源性成分外,还有不受刺激物理特性影响的内源性成分。内源性成分和认知过程密切相关,主要决定于被试者的主观心理状态和对刺激意义的理解,与识别、发现和感知环境变化及复杂的多层次心理因素(认知过程)相联系,是感觉、知觉、记忆、理解、学习、判断、推理、及智能等心理过程的电位变化的综合反映,代表人对客观事物的反应过程。

(六)多导睡眠监测

多导睡眠监测是对受试者整夜睡眠进行的多参数监测分析。

1. 睡眠情况 人类的脑活动分为 3 种状态,即清醒状态、非快动眼睡眠状态(NREM)和快动眼睡眠状态(REM)。其中 NREM 睡眠又可分为 1~4 期。NREM 睡眠的 3 期和 4 期合称慢波睡眠(SWS)或 δ 睡眠。根据标准睡眠分期方法,区分清醒期和睡眠各期主要依据脑电、眼电和(下)颏肌电三个导联的信息进行,表 11-1 简单描述各睡眠分期中波形的特征。

表 11-1　各睡眠分期中的波形特征

	脑电背景波形	脑电特征性波形	眼电图波形	颏肌肌电活动
清醒期	α 波和低电压混合频率波(含 β 波)	α 波	眨眼、快速眼球运动及缓慢眼球运动	高度紧张性活动
NREM1 期睡眠	相对低电压混合频率波	颅顶部锐波、θ 波及未成熟的睡眠梭形波和未成熟的 K 复合波	缓慢眼球运动	无明显特征,个体差异较大
NREM2 期睡眠	相对低电压混合频率波	睡眠梭形波和 K 复合波	较 1 期减弱	较 1 期减弱
NREM3 期、4 期睡眠	3 期:δ 波的比例达 20%~50%;4 期:δ 波的比例达 50% 以上	NREM3 期睡眠中可出现睡眠梭形波	活动显著减少	活动显著减少
REM 期	相对低电压混合频率波	间断出现 α 波和锯齿波	时相性 REM 睡眠期可见快速眼球运动;紧张性 REM 睡眠期眼球运动呈静止状态	消失或处于整夜记录的最低状态

2. 呼吸情况 人体进入睡眠状态后,呼吸发生明显变化,这些变化可能表现在呼吸频率、潮气量、吸/呼比、上气道阻力、动脉血气以及胸腹运动成分等方面。

3. 心脏情况 通过心电图了解整个睡眠过程中心率及心电图波形的改变,分析各种心律失常及其他异常波形和呼吸暂停的关系,评估治疗效果。

三、神经影像学测量

1. 磁共振成像(MRI) 广义的脑功能成像包括脑灌注 MRI、脑扩散 MRI、磁共振波谱分析和脑功能 MRI(fMRI)。

(1)功能磁共振成像:功能性 MRI 是一种以脱氧血红蛋白的磁敏感效应为基础的血氧水平依赖性成像技术,最常用的方法是利用各种刺激诱导局部脑组织血氧水平依赖(BOLD)变化,通过对这种变化的记录,反映相关脑区的功能状态。fMRI 根据其具体操作方法不同可分为任务态和静息态 fMRI。

1)任务态 fMRI:基于任务的模块设计是 fMRI 研究中最经典和常用的研究方法。任务态是利用各种刺激诱导局部脑组织 BOLD 信号发生变化,不同的任务刺激可激活不同的脑区,从而间接反映神经元的活动。

2)静息态 fMRI:静息态 fMRI 是指在进行核磁扫描过程中,要求受试者清醒、静息平卧于检查床,闭眼、平静呼吸,固定头部并最大限度地减少头部及其他部位的主动与被动运动,同时要求尽量不要做任何思维活动,从而得出的 fMRI 图像。

(2)多模态磁共振成像:多模态磁共振成像综合了结构 MRI、功能 MRI、MR 波谱成像、扩散张量成像、扩散峰度成像、磁敏感加权成像、动脉自旋标记示踪法灌注成像等成像方法,对同一生物现象产生多个参数,综合各个成像模态的优点,也使各单一模态 MRI 成像技术达到结果互补,避免了不同技术单独应用的偏差,得到更为精准和信息量更大的影像学图像,从而提高了疾病在影像学上的认识,极具应用前景。

2. 正电子发射型计算机断层扫描(PET) PET 利用正电子标记的葡萄糖等人体代谢所必需的物质为示踪剂,以解剖图像方式从分子水平显示机体及病灶组织细胞的代谢情况,为临床提供更多的诊断信息,因此,又称之为分子显像或生物化学显像。PET 仪实现了活体分子功能代谢显像,为肿瘤等疾病的早期诊断提供了非常有效的手段。

(1)PET/CT:正电子发射断层显像/X 线计算机体层成像(PET/CT)仪,是一种将 PET(功能代谢显像)和 CT(解剖结构显像)两种先进的影像技术有机地结合在一起的新型影像设备,它将微量的正电子核素示踪剂注射到人体内,然后采用特殊的体外探测仪(PET)探测这些正电子核素在人体内各脏器的分布情况,通过计算机断层显像的方法显示人体的主要器官生理代谢功能,从分子水平上反映人体组织的生理、病理、生化及代谢等改变,尤其适合人体生理功能方面的研究。PET/CT 多用于肿瘤的诊断和临床分期,以及对大脑疾病的定性、定位诊断,了解其影响范围和程度等方面有着广泛的应用。

(2)PET/MRI:PET-MRI 是正电子发射断层显像(PET)与磁共振成像(MRI)两者融合一体的新型大型影像诊断设备,是功能影像与分子影像学发展的最前沿技术之一,其具备 MRI 和 PET 的检查功能,可实现解剖与功能影像最大程度的优势互补。可以从分子水平上展示人脑生理、病理变化。

四、心理生理学测量在疼痛评估的应用

（一）疼痛的概述

疼痛是一种不愉快、不舒适的感觉，伴随着现有的或潜在的组织损伤。包括情绪、认知、动机及生理多种成分在内的复杂的生理心理过程。其表现有以下三个方面：

1. **心理反应** 主观上感觉到的一种难言的极不愉快的体验，可伴有烦躁、焦虑、恐惧、抑郁、失望等。

2. **行为反应** 如皱眉、咬牙、咧嘴、痛苦的面容，屈曲的躯干或肢体，强直的肌肉等。

3. **生理反应** 如散瞳、出汗、心跳加快、血压升高、呼吸急促、血糖增高等。

（二）疼痛的心理反应评估

1. **McGill 疼痛问卷表（MPQ）** 该量表共含有 4 类 20 组疼痛描述词，每组词按疼痛程度递增的顺序排列，其中 1～10 组为感觉类，11～15 组为情感类，16 组为评价类，17～20 组为其他相关类。被广泛应用于急、慢性疼痛实验研究中。

2. **简化的 McGill 疼痛问卷表（SF-MPQ）** 是在 MPQ 基础上简化而来，由 11 个感觉类与 4 个情感类对疼痛的描述词，以及现时疼痛强度和视觉模拟量表组成。具有简便、快速等特点。

（三）疼痛的行为反应评估

通过观察患者疼痛时的行为，以提供有关患者与功能直接相关的功能失调的量化数据，常采用录像观察或患者自评的方法。适用人群为：婴儿、缺乏言语表达能力的儿童；言语表达能力差的成年人；意识不清、不能进行有目的交流的病人。

（四）疼痛的生理反应评估

1. **一般生理反应评估** 疼痛时常测定的生理相关指标是心率、血压、肌电、皮肤电活动和皮层诱发电位等。目前在临床上应用的主要仪器是疼痛监测仪。

2. **脑成像研究技术** 痛性刺激能引发广泛的脑皮层及皮层下网络反应，包括第一躯体感觉区（S1）、第二躯体感觉区（S2）、岛叶皮层（IC）、前扣带回（ACC）以及额叶、顶叶等。这些被认为参与疼痛产生的脑区被称作为"疼痛矩阵"。不同类型疼痛时疼痛矩阵的活化区域不同，慢性痛主要与情感相关脑区有关。

五、测谎

（一）多参量心理测谎测试技术

多参量心理测谎仪是一种综合性的测谎仪器，它能够测量多种生理参数，其中比较常用的是心率、脉搏、血压、呼吸、声音和皮肤电阻。人在说谎时总会伴随一定程度的紧张，紧张情绪可通过自主神经引起身体的一些生理参数（如心率、血压、呼吸、声音、脑电波等）发生变化，可表现为呼吸会不自觉地加快或减慢，脉搏速度会加快、幅度会增大，血压会上升，汗腺分泌会导致皮肤电阻降低。通过测定这些生理参数的变化情况，可以判断受试者的心理变化。

（二）事件相关电位测试技术

目前得到最广泛研究和验证的是以 P_{300} 成分为指标的测谎。这是以反映大脑认知加工过程的 P_{300} 波为指标，属于直接测量，在理论和方法上有很大的进步，弥补了多参量心理测谎技术的不足与局限。

除 P_{300} 成分外,关联性负变成分(CNV)也可用于测谎。

(三)眼动追踪技术在测谎中的应用

研究表明,瞳孔直径、首视点与首视时间、注视时间与注视次数、眼跳距离、注视中断与注视方向及眼动轨迹等眼动指标具有高度的测谎价值。

六、生物反馈疗法

生物反馈疗法的原理是利用仪器将与心理生理活动过程有关的体内信息(如肌电活动、皮肤温度、心率、血压、脑电波等)加以处理,以视觉或听觉的方式显示于人,训练人们通过对这些信息的认识,学会有意识地控制自身的心理生理活动,以达到调整机体功能、防病治病的目的。

(一)常用的生物反馈仪

1. **肌电反馈仪** 肌电反馈仪是一种肌肉活动记录和显示装置,测量身体表层肌电电压并作为反馈信号输入到反馈仪,经过放大,转换成声、光或数字等信号显示出来以便受试者能清楚地感觉得到。肌电的高低与肌肉紧张程度密切相关,当肌肉紧张时肌电升高,肌肉松弛时肌电降低。肌电反馈常用于松弛肌肉和加强肌肉收缩能力的训练,通过松弛来缓解紧张、焦虑,通过加强肌肉收缩的训练来恢复瘫痪肌肉的功能达到康复的目的。

2. **脑电反馈仪** 脑电反馈仪能测量并记录不同部位的脑电活动(振幅和频率等),并能给出一个或多个反馈信号。它能将大脑皮层各区,如感觉区、运动区的脑电活动节律反馈出来。目前常用 α 波反馈治疗抑郁障碍;β 波反馈治疗神经衰弱、失眠等;用 SMR 波反馈治疗癫痫等。

3. **皮电反馈仪** 皮电反馈仪是测量并记录皮电,并以皮电作为反馈信号的电子装置。皮电是表示皮肤上两个选定点之间的电流通过量及电阻值。当人处于情绪紧张、恐惧及焦虑情况下,汗腺分泌增加,皮肤表面汗液增多,引起导电增加而致皮电升高。反之,当情绪稳定时,汗腺分泌减少,皮电会降低。现有的研究发现,皮电是反映情绪变化的最有意义的生理指标,主要用于缓解紧张情绪,可用于治疗与焦虑情绪有关的多种障碍。

4. **皮温反馈仪** 皮温反馈仪是测量并记录局部皮肤温度变化的装置。以皮肤温度作为反馈信号输入到反馈仪中并转换成视、听反馈信号,根据反馈信号训练患者学会调控皮肤温度。皮温的高低能反映情绪的变化。皮温反馈主要用于治疗与皮温有联系的病症,如偏头痛、焦虑、雷诺氏症等。

5. **脉搏血压反馈仪** 以脉搏、血压为反馈信号,能测量并随时记录脉搏、收缩压、舒张压的变化,并作为反馈信号显示出来。被试可根据反馈信号进行训练,学会调控血压、脉搏,主要用于治疗高血压、心动过速、心律不齐等。

6. **多媒体生物反馈系统** 多媒体生物反馈系统可同时拥有多种常规反馈仪的功能,不仅能根据需要进行不同的简便直观的反馈训练,更重要的是反馈信号也可根据不同情况做出调整和改变,使疗效更快更稳定,同时还能对全部数据信息进行保存,以便日后分析。

7. **团体生物反馈疗法** 团体生物反馈疗法是由 1 名治疗师带领 10~20 名患者在治疗室中进行治疗。除了一般的电子生物反馈疗法外,还加入了音乐治疗、暗示治疗、松弛治疗及心率变异性分析等项目。在治疗过程中,团体内的成员能够彼此交流、相互理解,这对于患者人际交往能力的重建和社会功能的康复有着重要的意义。

(二)生物反馈的应用

1. 在精神科心理疾病中的应用

(1)失眠的治疗:脑电反馈仪、皮温反馈仪、肌电反馈仪都可以用于失眠的治疗,其中肌电反馈仪是最常用的,可通过放松额部肌肉而达到改善睡眠的作用。

(2)神经症的治疗:生物反馈仪能明显减轻焦虑,降低应激水平,可用于各种神经症的治疗,尤其是对以焦虑为主要表现的神经症。可以单独使用肌电或皮温作为反馈信号,也可同时使用两者作为反馈信号。

(3)控制癫痫发作:以来自于感觉运动皮层的 SMR 作为反馈信号,使癫痫患者学会增加 SMR 信号出现的频率,常用脑电反馈仪。

2. 心身疾病的治疗

(1)原发性高血压的治疗:原发性高血压的发生、发展与应激及应激产生的情绪反应有明显的关系,紧张焦虑能使病人的血压明显增高。因此,生物反馈因其能够缓解紧张等情绪反应,已广泛地用于辅助治疗高血压。上述的肌电、皮温、血压和心率生物反馈疗法都可用于治疗高血压病。

(2)偏头痛的治疗:在头痛出现之前可能有周期性的抑郁、焦虑、厌食等,头痛出现后这些表现即减轻或消失。在偏头痛的生物反馈训练中,主要采用皮温反馈训练法。其原理是让患者通过皮温训练学会控制血管舒张,通过舒张末梢血管增加手部温度来达到治疗的目的。但需要说明的是,皮温生物反馈仅在偏头痛发作之前能起到阻止、预防头痛发生的作用,一旦头痛已经开始,其效果甚微。

3. 康复医学中的应用 生物反馈疗法在康复医学中的应用主要体现在瘫痪、大便失禁以及性功能障碍等方面。

4. 其他方面的应用

(1)皮肤科:神经性皮炎、荨麻疹。

(2)眼科:青光眼。

(3)妇产科:痛经、早孕呕吐、不孕症、习惯性流产。

(4)儿科:遗尿、口吃。

(5)飞行员、运动员的训练。

七、多导睡眠检测

1. 标准多导睡眠监测 可记录睡眠期间的多个生理信号,包括脑电图、眼动电图、肌电图(下颌和下肢)、鼻气流、口鼻热敏传感器、血氧、鼾声、心电图、胸腹呼吸运动、体位、血氧饱和度等。

2. 健康成人睡眠的特征

(1)从清醒状态进入睡眠状态时,首先进入 NREM 睡眠。与之相对应,新生儿则直接进入 REM 睡眠,或称为活跃 -REM 睡眠。

(2)整夜睡眠中,NREM 睡眠和 REM 睡眠大致以 90 分钟的节律交替出现。

(3)若将整夜睡眠时间分为 3 等份,最初的 1/3 时间以 NREM 睡眠的 3 期和 4 期为主,后 1/3 以 REM 睡眠为主。

（4）整夜睡眠中觉醒时间应小于5%。

（5）NREM1期睡眠时间约占1%~5%。

（6）NREM2期睡眠时间约占45%~55%。

（7）NREM睡眠时间共占75%~80%，REM睡眠时间共占20%~25%，整夜睡眠中REM睡眠出现4~6次。

3. 多导睡眠监测的应用

（1）记录和分析睡眠，正确评估和诊断失眠；

（2）甄别睡眠呼吸障碍；

（3）确诊某些神经系统病变；

（4）监测夜间心脏病变活动。

习 题

一、名词解释

1. 心率变异性

2. 皮肤电传导

3. 事件相关电位

4. 疼痛

5. 疼痛矩阵

二、单项选择题

1. 心率变异性的大小实质上是反映神经体液因素对（ ）的调节作用。

　A. 房室束　　　　　　　B. 窦房结　　　　　　　C. 左心室

　D. 右心室　　　　　　　E. 浦肯野纤维

2. 在迷走神经活性增高时，心率变异性（ ）。

　A. 增高　　　　　　　　B. 降低　　　　　　　　C. 无变化

　D. 不确定　　　　　　　E. 先增高后降低

3. 实际生活中，（ ）系统功能最易受情绪影响。

　A. 心血管系统　　　　　B. 呼吸系统　　　　　　C. 消化系统

　D. 生殖系统　　　　　　E. 内分泌系统

4. （ ）法是胃排空检测的金标准。

　A. 插管法　　　　　　　B. 吸收试验　　　　　　C. 放射性核素法

　D. 实时超声　　　　　　E. 消化道造影法

5. 颧大肌和眼轮匝肌的激活则表示（ ）的情绪体验。

　A. 愉快　　　　　　　　B. 不愉快　　　　　　　C. 抑郁

　D. 焦虑　　　　　　　　E. 躁狂

6. （ ）和皮肤电传导之间有一种强有力的且高度可靠的联系。

　A. 副交感神经激活　　　B. 交感神经激活　　　　C. 皮肤表层电属性

D. 皮肤电导率　　　　　　　E. 皮肤表面湿度

7. 人胃的基本电节律起步点是( )。

　　A. 胃底　　　　　　　B. 胃体　　　　　　　C. 胃底与胃体交界处

　　D. 环形肌　　　　　　E. 胃窦

8. 临床医学也发现抑郁症患者的脑电图存在异常,主要特征为( )。

　　A. α波能量相对减少　　B. α波能量相对增多　　C. β波能量相对增多

　　D. δ波能量相对减少　　E. β波能量相对减少

9. ( )是儿童的正常脑电活动。

　　A. α波　　　　　　　B. β波　　　　　　　C. θ波

　　D. δ波　　　　　　　E. 梭形波

10. 当人们闭目养神,彻底放松时,记录到的脑电图多以( )次/秒的节律变化为主。

　　A. 0.3~5　　　　　　B. 4~7　　　　　　　C. 8~13

　　D. 14~30　　　　　　E. 30~45

11. 下列有关脑干听觉诱发电位说法说法正确的是( )。

　　A. 脑干听觉诱发电位属于诱发电位的内源性成分

　　B. 深睡对脑干听觉诱发电位的早成分没有影响

　　C. 脑干听觉诱发电位的中成分产生于听觉通路投射的皮层结构

　　D. 脑干听觉诱发电位的晚成分是进入耳的声音的物理特性的反映

　　E. 以上说法均正确

12. 神经电生理的第三次飞跃是( )。

　　A. 脑电图　　　　　　B. 肌电图　　　　　　C. 脑诱发电位

　　D. MRI　　　　　　　E. 多导睡眠检测

13. 视觉诱发电位潜伏期缩短与精神分裂症( )症状有关。

　　A. 妄想　　　　　　　B. 情感淡漠　　　　　C. 反应迟钝

　　D. 注意缺陷　　　　　E. 抑郁障碍

14. 不属于疼痛心理反应的是( )。

　　A. 焦虑　　　　　　　B. 皱眉　　　　　　　C. 抑郁

　　D. 失望　　　　　　　E. 恐惧

15. 皮温反馈主要用于治疗( )。

　　A. 雷诺氏症　　　　　B. 神经衰弱　　　　　C. 癫痫

　　D. 瘫痪康复　　　　　E. 大便失禁

16. 精神分裂症患者体感刺激诱发电位的异常主要出现在( )以后。

　　A. 100ms　　　　　　B. 200ms　　　　　　C. 300ms

　　D. 400ms　　　　　　E. 500ms

17. ( )的联结对情绪的调节尤其重要。

　　A. 中脑皮质通路　　　B. 额叶皮质边缘系统　　C. 黑质纹状体通路

　　D. 中脑边缘通路　　　E. 锥体外系

18. 脉压差是指( )。

　　A. 心室收缩时的最高压　　　　　　B. 心室舒张时的最低压

　　C. 1/3(收缩压-舒张压)+舒张压　　D. 收缩压与舒张压之差

E. 1/3(收缩压－舒张压)+收缩压

19. 皮肤电传导的研究对象是(　　)。

    A. 手掌和脚底的外泌汗腺　　　　　　　B. 前额皱眉肌皮肤表面

    C. 颧大肌皮肤表面　　　　　　　　　　D. 眼轮匝肌皮肤表面

    E. 前额皱眉肌和眼轮匝肌的皮肤表面

20. (　　)视觉诱发电位在心理生理学研究中应用最广。

    A. 视网膜诱发电位　　　B. 皮层视觉诱发电位　　　C. 皮层下视觉诱发电位

    D. P_{300}　　　　　　　　　E. 关联性负变成分

21. NREM3 期中可以出现的波形为(　　)。

    A. α 波　　　　　　　　　B. β 波　　　　　　　　　C. 梭形波

    D. θ 波　　　　　　　　　E. α 波和 δ 波

22. (　　)期称为慢波睡眠。

    A. NREM1　　　　　　　　B. NREM 2　　　　　　　C. NREM 3

    D. NREM 3 和 NREM 4　　E. NREM 4

23. 静息态 fMRI 的 BOLD 信号不受(　　)的影响。

    A. 局部脑活动　　　　　　B. 情绪　　　　　　　　C. 呼吸

    D. 心跳　　　　　　　　　E. 神经元的自发活动

24. 人体进入睡眠状态后,呼吸不发生(　　)的变化。

    A. 通气量　　　　　　　　B. 呼吸频率　　　　　　C. 上气道阻力

    D. 动脉血气　　　　　　　E. 胸腹运动

25. 以下不是静息态 fMRI 的优点的是(　　)。

    A. 实验成本低,且无创、无辐射

    B. 无需实验任务

    C. 有时需要对病人进行配合训练

    D. 可以避开由于任务设计和受试者执行情况的差异而导致的实验结果的误差

    E. 静息态 fMRI 可以全面深入的探索大脑的运行机制

26. 眼动追踪技术的指标不具有高度测谎价值的是(　　)。

    A. 瞳孔直径　　　　　　　B. 注视时间与注视次数　　C. 注视中断与注视方向

    D. 眨眼频率　　　　　　　E. 眼动轨迹

27. 以下关于健康成人的睡眠特征描述错误的是(　　)。

    A. 从清醒状态进入睡眠状态时,首先进入 NREM 睡眠

    B. 从清醒状态进入睡眠状态时,直接进入 REM 睡眠,或称为活跃 -REM 睡眠

    C.整夜睡眠中, NREM 睡眠和 REM 睡眠大致以 90 分钟的节律交替出现

    D.NREM 睡眠时间共占 75% ~ 80%

    E. 整夜睡眠中 REM 睡眠出现 4 ~ 6 次

三、多项选择题

1. 目前应用的心理生理学测量方法中,按测量所用的技术方法可划分为(　　)。

    A. 生物理化测量　　　　　B. 电生理学测量　　　　C. 影像学测量

    D. 基础生理指标测量　　　E. 免疫系统指标测量

2. 心血管系统常用测量指标(　　)。
   A. 心率　　　　　　　　B. 心脏收缩能力　　　　　　C. 心输出量
   D. 血流动力学　　　　　E. 血压

3. 疼痛的评估有多种方法,通常按照观察或测量到的疼痛表现来分类,包括(　　)。
   A. 疼痛反应评估　　　　B. 心理反应评估　　　　　C. 行为反应评估
   D. 生理反应评估　　　　E. 疼痛问卷评估

4. 脑诱发电位的内源性成分包括(　　)。
   A. P_{300}　　　　　　　　B. N_{270}　　　　　　　　　C. N_{300}
   D. 关联性负变　　　　　E. 失匹配负波

5. 下列关于精神分裂症的听觉诱发电位变化的说法正确的是(　　)。
   A. N_1波幅波降低　　　B. P_2波幅波升高　　　　　C. P_2波幅波降低
   D. N_2潜伏期缩短　　　E. N_2潜伏期延长

6. 下列关于事件相关电位P_{300}说法正确是(　　)。
   A. 它能综合反映不同的智力活动过程
   B. 属于诱发电位的外源性成分
   C. 它和认知过程密切相关
   D. P_{300}的电活动以顶中央最大,额叶较小
   E. P_{300}一般仅由靶刺激诱发而获得

7. 精神分裂症患者体感刺激诱发电位的异常主要表现为(　　)。
   A. N_{130}波幅降低　　　B. P_{180}波幅降低　　　　C. P_{250}波幅降低
   D. P_{280}波幅降低　　　E. P_{300}波幅降低

8. 关于功能磁共振技术对认知心理学的研究,下列说法正确的是(　　)。
   A. 可证实精神活动的可定位性
   B. 可辨别单独的脑控制系统
   C. 发现在同一脑区内感觉输入及和精神意象的会聚现象
   D. 发现额叶皮质 - 边缘系统的联结对情绪的调节尤其重要
   E. 不能进行局部脑功能和认知之间关系的研究

9. 关于McGill疼痛问卷表(MPQ)下列说法正确的是(　　)。
   A. 该量表共含有4类20组疼痛描述词,每组词按疼痛程度递增的顺序排列
   B. 其中1～10组为感觉类
   C. 其中11～15组为评价类
   D. 每个描述程度分为0-无痛、1-轻度、2-中度、3-重度
   E. 广泛应用于急、慢性疼痛实验研究中

10. 脑内有两条独立而平行的通路与情绪调节密切相关(　　)。
    A. 左侧额下回 - 左侧颞上回　　　　　　B. 额叶内侧 - 扣带回 - 海马
    C. 眶回 - 额叶 - 颞叶 - 杏仁核　　　　　D. 额叶 - 颞叶 - 扣带回
    E. 左侧额下回 - 眶回 - 额叶

四、问答题

1. 简述心理生理学测量的概念及常用方法。

2. 简述基础生理指标测量的分类及指标。

3. 简述正常成人脑电图的种类。

4. 简述脑诱发电位的分类。

5. 生物反馈疗法的原理是什么?

参 考 答 案

一、名词解释

1. 心率变异性:心率变异性是指每次心搏间期的微小差异。心率变异性的大小实质上是反映神经体液因素对窦房结的调节作用,也就是反映自主神经系统交感神经活性与迷走神经活性及其平衡协调的关系。

2. 皮肤电传导:皮肤电传导是由皮肤电传导耦合器记录皮肤表层电属性发生变化所需要的电信号。目前有两种不同的记录系统来测量通过皮肤表面的电活动变化,一个系统是让一股低电流通过两个电极之间——记录和储存电阻;另一个系统是在两极之间加上一个低电压——直接记录皮肤电传导。目前,直接记录皮肤电传导在心理生理学测量领域应用更广。

3. 事件相关电位:事件相关电位是指当一个刺激的出现对于被试者来说具有重要信息意义时,在潜伏期平均 300ms(200~700ms)处会出现一个"正相诱发电位"。该电位与"认识过程有关",并且是由"有意义的事件"引起的,它能综合反映不同的智力活动过程。

4. 疼痛:疼痛是一种不愉快、不舒适的感觉,伴随着现有的或潜在的组织损伤。包括情绪、认知、动机及生理多种成分在内的复杂的生理心理过程。

5. 疼痛矩阵:痛性刺激能引发广泛的脑皮层及皮层下网络反应,其包括第一躯体感觉区、第二躯体感觉区、岛叶皮层、前扣带回以及额叶、顶叶等,这些被认为参与疼痛产生的脑区被称作为"疼痛矩阵"。

二、单项选择题

1. B　　2. A　　3. C　　4. C　　5. A　　6. B　　7. C　　8. A　　9. C　　10. C

11. B　　12. C　　13. A　　14. B　　15. A　　16. A　　17. B　　18. D　　19. A　　20. B

21. C　　22. D　　23. B　　24. A　　25. C　　26. D　　27. B

三、多项选择题

1. ABC　　　2. ABCD　　　3. BCD　　　4. ABCDE　　5. ACD　　　6. ACD

7. ABD　　　8. ABCD　　　9. ABDE　　　10. BC

四、问答题

1. 简述心理生理学测量的概念及常用方法。

答:(1)概念:是心理生理学研究的主要内容之一,是生理学测量方法在心理过程测量中的应用。

（2）常用方法：目前应用的测量方法有很多，按测量所用的技术方法可划分为三大类：①生物理化测量；②电生理学测量；③影像学测量。按被测量的器官系统分为：①心血管系统指标测量；②呼吸系统指标测量；③消化系统指标测量；④内分泌系统指标测量；⑤免疫系统指标测量；⑥生殖系统指标测量等。

2. 简述基础生理指标测量的分类及指标。

答：（1）心血管系统常用指标的测量：心率、心脏收缩能力、心输出量、血流动力学指标、血压、率变异性等。

（2）呼吸系统常用指标的测量：呼吸率、通气量、吸气分数等。

（3）消化系统常用指标的测量：胃排空、胃压、胃张力等。

（4）生殖系统常用指标的测量：男性（勃起时阴茎周径测量、阴茎温度测量和阴茎动脉血流测量）、女性（阴道血管扩张、阴道血流量和阴道温度变化）等。

3. 简述正常成人脑电图的种类。

答：健康人除个体差异外，在一生不同的年龄阶段，脑电图都各有其特点，但就正常成人脑电图来讲，其波形、波幅、频率和位相等都具有一定的特点。临床上根据其频率的高低将波形分成以下四种：

α波：频率在 8～13Hz，波幅 25～75μV，以顶枕部最明显，双侧大致同步，这通常与相当彻底的放松相关。

β波：频率在 13Hz 以上，波幅约为 δ 波的一半，额部及中央区最明显，通常与警觉性有关。

θ波：频率为 4～7Hz，波幅 20～40μV，是儿童的正常脑电活动，两侧对称，颞区多见。

δ波：频率为 4Hz 以下，δ 节律主要在额区，是正常儿童的主要波率，也与人类的健康睡眠有关，单个的和非局限性的小于 20μV 的 δ 波是正常的，局灶性的 δ 波则为异常。

4. 简述脑诱发电位的分类。

答：脑诱发电位是用计算机叠加技术检查神经系统功能状态的一种检测手段，它的构成分为外源性和内源性两部分。外源性成分包括脑干听觉诱发电位，潜伏期短，收刺激信号物理特性的影响较大，内源性成分包括 P_{300}、N_{270}、N_{300}、N_{400}、失匹配负波、关联性负变等，受心理因素影响较大，与人的注意、记忆等认知过程相关。

5. 生物反馈疗法的原理是什么？

答：生物反馈疗法的原理是利用仪器将与心理生理活动过程有关的体内信息（如肌电活动、皮肤温度、心率、血压、脑电波等）加以处理，以视觉或听觉的方式显示于人（即信息反馈），训练人们通过对这些信息的认识，学会有意识地控制自身的心理生理活动，以达到调整机体功能、防病治病的目的。

（刘志芬）

第十二章　行为评估

学习目标

1. **掌握**　行为评估的概念及其特征；行为评估的目标；常用行为评估的技术；行为访谈的含义与特点；行为访谈与传统访谈的区分；行为访谈的类型；行为观察的概念和分类；行为观察的内容；行为观察的步骤；行为观察的记录方法；行为评定量表的概念及意义；自陈量表的概念及意义；自我监控的概念、目的；行为评估的应用范围。

2. **熟悉**　操作性定义；行为功能分析；行为访谈的基本假设和目标；行为观察的特点与要求；行为观察的信度和效度；行为评定量表的优点；自我监控的应用范围；行为分析技术的内容；行为评估在心理生理检测中的应用；行为评估的认知方法。

3. **了解**　行为评估的发展简史；行为观察的发展趋势；行为评估在其他心理领域中的应用。

重点和难点内容

一、行为评估的概述

(一)概念

行为评估(behavioral assessment)是指通过访谈、观察、测验等方式收集来访者的信息，并运用分析、推论、假设等方式对个体的行为性质进行判定，并对需要矫正的问题行为的基本特点以及环境因素进行详细测量的过程(岑国桢，李正云，1999)。它是一种与智力和人格等传统心理评估不同的科学心理评估方法，集中研究情景和行为之间的相互作用，服务于行为的有效改变。

(二)特征

行为评估只注重对行为样本的采集而不是对行为背后隐藏的特质的推断；一个全面的行为评估结果可能比其他任何形式评估得到的信息都更丰富，它对于将来如何对来访者进行治疗有直接的参考价值；行为评估有别于传统心理评估，还因其更加强调实证评价；行为评估是一个连续进行的过程，发生于行为自然变化或行为干预过程的任何时间，强调对问题行为、行为情境和行为结果(强化物)的直接评估(自然观察)。行为评估是一种以理论、研究和实践为基础的心理评估。

（三）简史

行为评估源自于 20 世纪 20 年代经典和操作性条件反射的早期研究,这些研究回答了人类的行为和情绪反应是如何调节,以及人们如何进行有效学习的。尽管行为治疗在 20 世纪 50 年代后期就被广泛运用,但是行为评估直到 20 世纪 60 年代中期才开始在临床上被广泛运用。20 世纪 70 年代,由于对行为评估的关注,其应用获得了发展;20 世纪 80 年代以来,行为评估与其他学科和传统评估方法相结合,呈现多样化发展的趋势;目前的行为评估法除了对外显行为进行观察之外,还包括自我报告法、知情人评估法、情感和思维日记法及对环境刺激的心理生理反应评估法等多种方法。

（四）目标

行为评估有 4 个主要的目标:① 确认问题行为及控制或维持该行为的背景变量,并使之可操作化;②对问题行为与控制变量之间的关系进行评估;③根据行为评估结果,制订恰当的治疗方案;④评估治疗的有效性和进展监控。临床实践中,可以选择多种方法进行行为评估,包括行为访谈、行为观察、自陈量表、行为评定量表、自我监控、角色扮演等。

二、常用行为评估的技术

（一）分类

1. **直接评估(direct assessment)**　以直接的方式如看或听测量真正的目标行为,如直接行为观察、自我监控、模拟评估等。

2. **间接评估(indirect assessment)**　经过访谈或问卷获得的信息,如行为访谈、自陈量表、行为评定量表等。

（二）行为访谈

行为访谈(behavioral interviewing)是一种临床访谈,其重点是运用学习原理(即经典和操作条件反射)获取信息,以便制订行为矫正计划。行为访谈是确定问题行为、提出假设和收集信息的第一步,是行为评估过程的基础,为行为功能性分析提供信息。

行为访谈是行为评估重要的组成部分,是最基本、最广泛的行为评估工具。行为访谈目的是多方面的,包括帮助确认目标行为、选择其他行为评估程序、获得知情同意、了解问题历史、确定目前问题相关因果因素、行为问题功能分析、增强来访者动机、制订干预计划、评定干预措施的有效性。

行为访谈是一种临床访谈,不同于日常访谈,也有别于传统的心理访谈,主要区别有:假设和目标不同、诊断的关注不同。行为访谈的基础是条件作用和学习原理。在访谈过程中,行为临床学家试图获取必要的信息对问题进行功能分析。

行为访谈的结构多样,根据行为访谈的控制水平或标准化程度,可将行为访谈区分为非结构式访谈、半结构式和结构式。

非结构式访谈(unstructured interview)又称为非标准化访谈,访谈的标准化程度要求较低,访谈的内容和组织取决于临床学家和访谈的目的,访谈保持开放的形式,允许来访者以最少的指导陈述问题;结构式访谈(structured interviews)又称为标准化访谈,有明确、清晰的访谈格式,访谈问题由临床学家逐字读出。按照访谈问题对当事人提问,不允许改变提问,或额外提问,受访者都接受一致的访谈程序;半结构式访谈(semistructured interviews):包括标准的问题和格式,允许临床心理学家就当事人的回答进行进一步提问(follow-up question）或从设计清单问题中选择性提问，并允许特质性查询。结构式访谈和半结构式访谈的灵活性较非结构性访谈低。

在访谈过程中，行为访谈并不只关心访谈过程内信息的获取，它也重视制订相应计划以获得访谈过程之外的行为及行为自然产生的环境信息。

（三）行为观察

行为观察（behavior observation）是指通过直接的（感官）或间接的（仪器设备）方式对来访者的行为进行有目的、有计划的观察，通常用于诊断或相关目的。它是心理研究中常用的基本方法，是最直接、最传统、最有效的评估方法之一，可与心理测验同时实施，也可作为一种心理评估手段而独立使用。

按照不同的标准，行为观察法可以划分成不同类型，主要有：① 直接观察与间接观察；②自然观察和控制观察；③参与观察与非参与观察；④结构式观察与非结构式观察；⑤系统观察、取样观察和评定观察。

行为观察的内容因目的而异，一般包括以下几个方面：①仪表；②身体外观；③人际沟通风格；④言语和动作；⑤在交往中所表现的兴趣、爱好和对人对事对己的态度；⑥在困难情境中的应对方法等；⑦行为产生的情境条件。

行为观察的步骤：实施行为观察之前必须进行充分的准备，一般包括下列步骤：①确定目标行为及其操作性定义；②制订行为观察计划；③ 实施行为观察。

在临床行为评估工作中，常用的行为观察策略有叙事观察、时间取样观察、事件取样观察和评定观察等。行为观察策略不同，行为记录的方法也不尽相同，主要记录方法有叙事（narrative recording）和实证记录（empirical recording）两类方法。

常见的行为观察记录方法有：间隔记录（interval recording）、事件记录（event recording）、频率记录（frequency recording）、持续时间和潜伏期记录（duration and latency recording），还有评定记录（ratings recording）和叙事记录（narrative recording）方式。

所有的心理评估都存在信度和效度的问题，行为观察作为心理评估的手段之一，也存在相同的问题。行为观察主要的误差来源包括以下几种：参照标准不同、偏倚倾向和期待效应。

（四）行为评定量表

通过特定评定者提供个体行为有效的总结信息，通常行为评定量表（behavior rating scales）分为：宽频带量表（broadband scales）和窄频带量表（narrowband scales）。评定量表是一种简便、经济、适用性很强的心理测量工具，广泛用于测评儿童、青少年及成人的问题行为。

（五）自陈量表

自陈量表（self-report inventories）是行为评估的另外一种方法，根据个体标准化问卷的评定。我们通常通过访谈收集包括认知、态度、情感、行为的信息，对个体问题行为进行评定，而在大多数情况下，当事人内心体验信息只有个体自己进行收集。自陈量表在关注内心体验的焦虑及其他障碍的诊断中非常重要。

这种评估方法成本效益好、容易管理，且相对运动、生理、认知过程的评估而言易于控制。与其他形式的评估（如行为观察）相比，自陈评估节省时间和资源，但由于多种因素的影响（包括有意错误和记忆不清），提供信息欠准确。随着认知心理学的发展，认知自陈测量工具的编制数量也获得了快速发展。

（六）自我监控

自我监控（self-monitoring）是指个体有系统地观察、记录自己的行为及自己与周围环境相互作用的过程，是问题行为（如吸烟、咬指甲等）评估的非常重要的工具和手段。自我监控要求当事人将观察结果做出书面记录，可以是日记或日志表格，随着计算机技术的发展和应用，也可用便携式电脑、智能手机等收集自我监控资料。

自我监控的目的：①获取当事人在现实环境中问题行为的信息；②问题情境和问题行为的自我监控，可以提高访谈中讨论信息的准确性和具体性；③自我监控也是评价目标和治疗结果十分有用的手段。

（七）角色扮演

角色扮演（role-playing）的基本原理是治疗师和来访者再现或模拟来访者在特定情境中问题行为的人际互动。来访者在角色扮演中的表现接近他们真实情境，治疗师就越能观察到来访者典型性的问题行为。角色扮演是常用问题行为评估和治疗方法之一。

三、行为分析

行为分析（behavior analysis）由 3 个主要分支组成：① 行为主义（behaviorism）：是行为科学的哲学思维，关注行为分析的世界观或哲学问题；②行为的实验分析（experimental analysis of behavior，EAB）：是指行为的基础研究，聚焦解释行为的基本原理和过程的识别和分析；③应用行为分析（applied behavior analysis，ABA）：关注发展技术并改善行为，用行为分析的原理和程序解决社会重要性问题。

（一）行为的实验性分析（experimental analysis of behavior，EAB）

行为的实验性分析是一种理解行为调节的自然科学的方法，它是分析行为 - 环境关系的一种方法，这种方法称功能分析（functional analysis）。实验行为分析关注影响人类和动物行为的因素的控制和变化，是行为科学的基本方法。

（二）应用行为分析（applied behavior analysis，ABA）

应用行为分析是一门科学，该科学系统地将行为原则推导出来的策略，在非实验室的、日常生活情景中的直接应用，改善社会重要行为。其目的是为了帮助人们理解、预防和改变个体的问题行为，同时促进个体学习。Baer 等（1968）认为 ABA 需要具备 7 个维度特征，分别是应用性（applied）、行为的（behavioral）、分析性（analytic）、技术性（technological）、概念系统化（conceptually systematic）、有效性（effective）和类化性（generality）。应用行为分析常应用于精神发育迟滞、孤独症、情绪障碍、注意缺陷多动障碍等的管理训练，包括传统的行为矫正和认知行为矫正方法。

四、行为评估的应用

（一）行为评估在心理治疗中的应用

行为评估在心理治疗，特别是认知治疗方面应用广泛。其主要观点认为，影响个体情感和行为的主要原因是个体歪曲的认知观点，通过改变个体的不良认知来改变个体的行为。在临床实践中，认知行为治疗包括多种指导策略和技术，主要有认知矫正，以艾里斯的理性情绪疗法和贝克认知理论为代表，另一个是自我控制或自我管理方法。

（二）行为评估在行为矫正中的应用

行为治疗（behavior therapy），又称行为矫正（behavior modification）通常是指依据学习

原理处理行为问题,从而引起行为改变的一系列客观而系统的方法。

1. 行为矫正通常包括4个方面内容 ①观察、测量和评估个体当前可观察到的行为模式;② 确定环境中的先前事件和行为发生之后的结果;③建立新的行为目标;④通过控制所确定的先前事件和行为结果,促进新行为的学习或改变当前的行为。

2. 行为矫正通常需要经过3个阶段 ①行为评估阶段,对需要矫正的问题行为进行仔细评估;②制订矫正计划阶段,根据行为评估获得的与行为有关的信息来制订行为矫正计划;③行为矫正实施阶段,根据制订的计划实施行为矫正。

(三)行为评估在心理生理测量中的应用

行为评估不仅包括外显行为的测量,而且也包括心理生理测量,即测量个体对情境要求的心理生理反应。心理生理学家研究身体的反应或反射活动,这些反应或反射活动是由自主神经系统(ANS)的交感和副交感神经控制的,包括心跳、血压、呼吸、皮肤电阻、肌肉紧张和皮层电活动。这些生理反应的变化提供了有关个体心理适应功能的重要信息。

(四)行为评估在认知 - 行为评鉴中的作用

常见有4类评估认知的方法,包括表达法(expressive methods)、产生法(production methods)、推论法(inferential methods)和 批注法(endorsement methods)。

认知问卷及自陈测评法区别于严格的"行为"评估法之处有二:首先,自陈量表法的研究范围通常更广泛,它不只关注特定的、外显的行为,它还可用于测评来访者的态度、情感;其次,行为评估通常是在行为发生的当时进行(如直接观察和自我监控),而认知的自陈测评是回顾性的,是对相对较长时间段内所发生的行为进行总结,这个时间段一般是数天或数周。

(五)行为评估在其他心理领域中的应用

可用于心理学、教育学、生物学、人类学、医学及与行为科学密切相关的其他应用学科的科学研究和实践。

习 题

一、名词解释

1. 行为评估
2. 直接评估和间接评估
3. 行为访谈
4. 行为观察
5. 自我监控
6. 行为矫正

二、单项选择题

1. 行为评估从(   )演化而来。
   A. 行为主义学习理论　　B. 精神分析理论　　　　C. 人本主义理论
   D. 认知心理学理论　　　E. 心理生物学理论

2. 下列属于行为评估方法的是(　　)。

    A. 人格评定　　　　　　　　B. 心理生理测量　　　　　C. 智力测量

    D. 记忆测验　　　　　　　　E. 成就测验

3. 行为评估源于20世纪(　　)年代经典和操作性条件反射的早期研究,但是行为评估直到20世纪(　　)年代中期才开始在临床上被广泛运用。

    A. 30,50　　　　　　　　　B. 20,70　　　　　　　　　C. 20,60

    D. 50,70　　　　　　　　　E. 20,40

4. 行为评估的首要目标是(　　)。

    A. 对问题行为与控制变量间关系的评估

    B. 根据行为评估结果,制订治疗方案

    C. 确认问题行为以及控制或维持该行为的背景变量

    D. 评估治疗的有效性

    E. 治疗进展的监控

5. 行为访谈的结构包括(　　)。

    A. 结构式访谈

    B. 半结构式访谈

    C. 非结构式访谈

    D. 非结构式访谈、半结构式和结构式访谈

    E. 收集资料性访谈、心理诊断性访谈和心理治疗性访谈

6. 有明确、清晰的访谈格式,访谈问题由临床学家逐字读出,按照访谈问题对当事人提问,不允许改变提问,或额外提问的访谈方式属于(　　)。

    A. 结构式访谈　　　　　　　B. 半结构式访谈　　　　　C. 非结构式访谈

    D. 封闭式提问　　　　　　　E. 开放式提问

7. 最基本的行为评估方式是(　　)。

    A. 行为观察　　　　　　　　B. 行为访谈　　　　　　　C. 行为记录

    D. 行为监测　　　　　　　　E. 角色扮演

8. 自我监控是(　　)。

    A. 收集资料方法

    B. 矫正行为技术

    C. 评价目标和治疗结果十分有用的手段

    D. 行为评估方法,也是干预治疗策略

    E. 干预治疗策略

9. 自我监控可应用于(　　)。

    A. 焦虑障碍　　　　　　　　B. 血糖控制　　　　　　　C. 人际关系

    D. 问题性饮酒　　　　　　　E. 以上都是

10. 依据学习原理处理行为问题,从而引起行为改变的一系列客观而系统的方法称为(　　)。

    A. 行为矫正　　　　　　　　B. 行为评估　　　　　　　C. 认知治疗

    D. 系统脱敏治疗　　　　　　E. 精神分析疗法

11. 行为矫正的内容包括(　　)。

A. 观察、测量和评估个体当前可观察到的行为模式

B. 确定环境中的先前事件和行为发生之后的结果

C. 建立新的行为目标

D. 通过控制所确定的先前事件和行为结果，促进新行为的学习或改变

E. 以上都是

12. 下列属于心理生理测量的是(　　　)。

　　A. 血糖　　　　　　　B. 体温　　　　　　　C. 血压

　　D. 血脂　　　　　　　E. 血钾

13. 行为评估关注的是(　　　)。

　　A. 行为样本　　　　　B. 人格特质　　　　　C. 心理特质

　　D. 稳定心理特征　　　E. 智力水平

14. 临床实践中，最常见的行为评估方法是(　　　)。

　　A. 自我监控　　　　　B. 人格调查表　　　　C. 行为访谈

　　D. 行为观察　　　　　E. 评定量表

15. 质性行为记录方法是(　　　)。

　　A. 间隔记录　　　　　B. 叙事记录　　　　　C. 事件记录

　　D. 频率记录　　　　　E. 评定记录

三、多项选择题

1. 行为评估的特征是(　　　)。

　　A. 关注行为样本　　　　B. 信息丰富，有直接参考价值　　　C. 实证评价

　　D. 连续进行的过程　　　E. 了解人格特征

2. 下列属于行为评估的方法有(　　　)。

　　A. 功能行为评估　　　　B. 自陈报告　　　　　C. 行为访谈

　　D. 自我监控　　　　　　E. 模拟行为观察

3. 行为评估最常采用的方法有(　　　)。

　　A. 观察法　　　　　　　B. 检测法　　　　　　C. 访谈法

　　D. 试验法　　　　　　　E. 自我监控

4. 行为评估的目标是(　　　)。

　　A. 确认问题行为及控制或维持该行为的背景变量，并使之操作化

　　B. 对问题行为与控制变量之间的关系进行评估

　　C. 根据行为评估结果，制订恰当的治疗方案

　　D. 评估治疗的有效性和进展监控

　　E. 缓解被评估者的情绪

5. 间接评估包括(　　　)。

　　A. 行为访谈　　　　　　B. 自我监控　　　　　C. 自陈量表

　　D. 评定量表　　　　　　E. 模拟评估

6. 实施行为观察的方式有(　　　)。

　　A. 直接观察　　　　　　B. 自然观察　　　　　C. 模拟观察

　　D. 人格评估　　　　　　E. 结构式观察

7. 行为矫正技术的理论来源有（　　　）。

　　A. 经典条件反射　　　　B. 操作性条件反射　　　C. 社会学习理论

　　D. 认知行为矫正理论　　E. 精神分析理论

8. 下列属于自陈量表的是（　　　）。

　　A. 功能失调态度量表　　B. 自动思维问卷　　　　C. 汉密顿抑郁量表

　　D. 贝克抑郁调查表　　　E. 简明精神病量表

9. 自我监控的目的有（　　　）。

　　A. 获取当事人在现实环境中问题行为的信息

　　B. 提高访谈中讨论信息的准确性和具体性

　　C. 增强当事人对问题行为的认识

　　D. 评价目标和治疗结果

　　E. 提高对治疗的信心

10. 行为分析包括（　　　）。

　　A. 行为主义　　　　　　B. 行为的试验分析　　　C. 应用行为分析

　　D. 认知行为矫正方法　　E. 以上都不是

11. 下列属于应用行为分析的维度特征的有（　　　）。

　　A. 应用性　　　　　　　B. 行为的　　　　　　　C. 有效性

　　D. 类化性　　　　　　　E. 概念系统化

12. 行为观察的主要误差来源是（　　　）。

　　A. 参照标准不同　　　　B. 期待效应　　　　　　C. 光环效应

　　D. 魔鬼效应　　　　　　E. 以上都不是

13. 叙事方式记录行为的主要目的是（　　　）。

　　A. 确认存在的问题　　　　　　　　　　B. 定义目标行为

　　C. 发展经典记录程序　　　　　　　　　D. 为未来的观察制定程序

　　E. 确定行为的前因和后果

14. 常见的行为观察记录方法有（　　　）。

　　A. 间隔记录　　　　　　B. 事件记录　　　　　　C. 角色扮演

　　D. 评定记录　　　　　　E. 频率记录

15. 行为观察的内容是（　　　）。

　　A. 仪表　　　　　　　　B. 身体外观　　　　　　C. 人际沟通风格

　　D. 言语和动作　　　　　E. 行为产生的情境条件

16. 在行为访谈中,标准化的问题是（　　　）。

　　A. 什么（what）　　　　B. 何时（when）　　　　C. 何地（where）

　　D. 怎样（how）　　　　 E. 多久一次（how often）

17. 行为取向的访谈聚焦（　　　）。

　　A. 前奏事件　　　　　　B. 问题行为　　　　　　C. 行为的结果

　　D. 人格特征　　　　　　E. 心理特质

18. 常见的模拟行为观察方法有（　　　）。

　　A. 角色扮演　　　　　　B. 实验功能分析　　　　C. 投射测验

　　D. 自然观察　　　　　　E. 设计情境测验

四、问答题

1. 什么是行为评估？其主要特征是什么？
2. 简述行为评估的目标。
3. 简述常用的行为评估技术。
4. 简述行为分析的组成及其应用。
5. 行为矫正的内容有哪些？

参 考 答 案

一、名词解释

1. 行为评估：行为评估是指通过访谈、观察、测验等方式收集来访者的信息，并运用分析、推论、假设等方式对个体的行为性质进行判定，并对需要矫正的问题行为的基本特点以及环境因素进行详细测量的过程。

2. 直接评估和间接评估：直接评估是以直接的方式如看或听测量真正的目标行为，如直接行为观察、自我监控、模拟评估等；间接评估是经过访谈或问卷获得的信息，如行为访谈、自陈量表、评定量表等。

3. 行为访谈：行为访谈是一种临床访谈，其重点是运用学习原理（即经典和操作条件反射）获取信息，以便制订行为矫正计划。

4. 行为观察：行为观察是指通过直接的（感官）或间接的（仪器设备）方式对来访者的行为进行有目的、有计划的观察，通常用于诊断或相关目的。它是心理研究中常用的基本方法，是最直接、最传统、最有效的评估方法之一，可与心理测验同时实施，也可作为一种心理评估手段而独立使用。

5. 自我监控：自我监控是指个体有系统地观察、记录自己的行为及自己与周围环境相互作用的过程，是问题行为（如吸烟、咬指甲等）评估的非常重要的工具和手段。

6. 行为矫正：行为治疗，又称行为矫正，通常是指依据学习原理处理行为问题，从而引起行为改变的一系列客观而系统的方法。

二、单项选择题

1. A　　2. B　　3. C　4. C　　5. D　　6. A　　7. B　　8. D　　9. E　　10. A
11. E　　12. C　　13. A　　14. C　　15. B

三、多项选择题

1. ABCD　　2. ABCDE　　3. AC　　　4. ABCD　　5. ACD　　　6. ABCE
7. ABCD　　8. ABD　　　9. ABD　　　10. ABC　　11. ABCDE　　12. ABCD
13. ABCDE　14. ABDE　　15. ABCDE　16. ABCDE　17. ABC　　　18. ABE

四、问答题

1. 什么是行为评估？其主要特征是什么？

答：行为评估（behavioral assessment）是指通过访谈、观察、测验等方式收集来访者的信息，并运用分析、推论、假设等方式对个体的行为性质进行判定，并对需要矫正的问题行为的基本特点以及环境因素进行详细测量的过程。它是一种与智力和人格等传统心理评估不同的科学心理评估方法，集中研究情景和行为之间的相互作用，服务于行为的有效改变。

行为评估的主要特征：① 行为评估只注重对行为样本的采集而不是对行为背后隐藏的特质的推断；② 一个全面的行为评估结果可能比其他任何形式评估得到的信息都更丰富，它对于将来如何对来访者进行治疗有直接的参考价值；③ 行为评估有别于传统心理评估，还因其更加强调实证评价；④ 行为评估是一个连续进行的过程，发生于行为自然变化或行为干预过程的任何时间，强调对问题行为、行为情境和行为结果（强化物）的直接评估（自然观察）。行为评估是一种以理论、研究和实践为基础的心理评估。

2. 简述行为评估的目标。

答：行为评估有 4 个主要的目标：① 确认问题行为及控制或维持该行为的背景变量，并使之可操作化；②对问题行为与控制变量之间的关系进行评估；③根据行为评估结果，制订恰当的治疗方案；④评估治疗的有效性和进展监控。

3. 简述常用的行为评估技术。

答：常用的行为评估技术如下：

行为访谈（behavioral interviewing）是一种临床访谈，其重点是运用学习原理（即经典和操作条件反射）获取信息，以便制订行为矫正计划。主要有非结构式访谈、半结构式和结构式访谈。行为访谈是确定问题行为、提出假设和收集信息的第一步，是行为评估过程的基础，为行为功能性分析提供信息。

行为观察（behavior observation）是指通过直接的（感官）或间接的（仪器设备）方式对来访者的行为进行有目的、有计划的观察，通常用于诊断或相关目的。它是心理研究中常用的基本方法，是最直接、最传统、最有效的评估方法之一，可与心理测验同时实施，也可作为一种心理评估手段而独立使用。

行为评定量表：通过特定评定者提供个体行为有效的总结信息，通常行为评定量表（behavior rating scales）分为宽频带量表和窄频带量表。评定量表是一种简便、经济、适用性很强的心理测量工具，广泛用于测评儿童、青少年及成人的问题行为。这些量表提供了直接观察无法提供的重要信息：它们的测评时间跨度更长、范围也更广。

自陈量表：自陈量表（self-report inventories）是行为评估的另外一种方法，根据个体标准化问卷的评定。我们通常通过访谈收集包括认知、态度、情感、行为的信息，对个体问题行为进行评定，而在大多数情况下，当事人内心体验信息只有个体自己进行收集。这种评估方法成本效益好、容易管理，且相对运动、生理、认知过程的评估而言易于控制。

自我监控：自我监控（self-monitoring）是指个体有系统地观察、记录自己的行为及自己与周围环境相互作用的过程，是问题行为（如吸烟、咬指甲等）评估的非常重要的工具和手段。自我监控要求当事人将观察结果做出书面记录，可以是日记或日志表格，随着计算机技术的发展和应用，也可用便携式电脑、智能手机等收集自我监控资料。

角色扮演：角色扮演（role-playing）的基本原理是治疗师和来访者再现或模拟来访者

在特定情境中问题行为的人际互动。来访者在角色扮演中的表现接近他们真实情境,治疗师就越能观察到来访者典型性的问题行为。角色扮演是常用问题行为评估和治疗方法之一。

4. 简述行为分析的组成及其应用。

答:行为分析由 3 个主要分支组成:① 行为主义:是行为科学的哲学思维,关注行为分析的世界观或哲学问题;②行为的实验分析:是指行为的基础研究,聚焦解释行为的基本原理和过程的识别和分析;③应用行为分析:关注发展技术并改善行为,用行为分析的原理和程序解决社会重要性问题。

行为的实验性分析(experimental analysis of behavior, EAB):是一种理解行为调节的自然科学的方法,它是分析行为 - 环境关系的一种方法,这种方法称功能分析(functional analysis)。实验行为分析关注影响人类和动物行为的因素的控制和变化,是行为科学的基本方法。

应用行为分析(applied behavior analysis, ABA):是一门科学,该科学系统地将行为原则推导出来的策略,在非实验室的、日常生活情景中的直接应用,改善社会重要行为。其目的是为了帮助人们理解、预防和改变个体的问题行为,同时促进个体学习。Baer 等(1968)认为 ABA 需要具备 7 个维度特征,分别是应用性(applied)、行为的(behavioral)、分析性(analytic)、技术性(technological)、概念系统化(conceptually systematic)、有效性(effective)和类化性(generality)。

应用行为分析常应用于精神发育迟滞、孤独症、情绪障碍、注意缺陷多动障碍等的管理训练,包括传统的行为矫正和认知行为矫正方法。

5. 行为矫正的内容有哪些?

答:行为矫正(behavior modification)通常是指依据学习原理处理行为问题,从而引起行为改变的一系列客观而系统的方法。行为矫正通常包括 4 个方面内容:①观察、测量和评估个体当前可观察到的行为模式;②确定环境中的先前事件和行为发生之后的结果;③建立新的行为目标;④通过控制所确定的先前事件和行为结果,促进新行为的学习或改变当前的行为。

(许明智)

第十三章 心理评估报告

学习目标

1. **掌握** 心理评估报告的基本要求。
2. **熟悉** 完整心理评估报告的内容；评估结果的解释和呈现；测验结果的报告；心理评估报告的文字表达。
3. **了解** 心理评估报告的用途、类型，不同背景的报告阅读者的期望。

重点和难点内容

一、心理评估报告概述

（一）心理评估报告的用途

1. 向申请人或申请单位或其他相关单位提供与评估有关的正确信息，比如发展史、教育史、医学史、当前智能水平等。

2. 为临床假说、干预计划的制订、疗效的评价与研究提供依据。

3. 作为档案材料，为今后评估特别是临床效果评价提供比对的基线。

4. 作为法律文件。

（二）心理评估报告的种类

一般常用两种类型，即假设取向模式和领域取向模式。假设取向模式的报告着重于回答申请人所提出的特殊问题，报告内容高度集中，避免超范围描述。领域取向模式的报告着重于描述评估对象某一特殊的心理功能，内容比较广泛，要求对评估对象心理功能的强项或弱项进行分析解释，通常将给阅读者留下评估对象的整体印象。

（三）心理评估报告的阅读者

报告书写前应了解阅读者及其背景，提高报告的针对性和认可度。

（四）评估报告的基本要求

评估报告应精心组织，依据充分；评估报告要有针对性，应了解什么人阅读报告、要回答什么问题，报告有针对性地提供信息；报告要清楚简洁；报告要尊重评估对象；报告要书写及时。

二、心理评估报告的内容

完整的心理评估报告通常包括以下基本内容并按以下顺序排列：一般资料；申请评估的理由；背景资料；行为观察；测验结果描述；评估结果的解释；建议；小结；签名。

1. **一般资料** 包括评估对象和评估过程的最基本情况。

2. **申请评估的理由** 是申请者提出评估的具体要求，开展心理评估的主要目的。

3. **评估对象背景资料** 涉及早年生长发育和心理发展、家庭环境、学校学习或工作情况、个人兴趣与业余爱好、人际关系情况、重大生活事件、当前心理问题发生和演变情况、医学方面资料等，一般包括以下内容：评估对象的人口学资料；当前心理问题本身的描述（包括：症状开始时间、性质和可能的诱因；发生以后出现的频度和强度；问题的演变；过去诊疗经过和治疗效果）；个人成长史，指评估对象生理发育及心理发展情况，重点关注每个年龄阶段的关键期情况、重大疾病史、重大精神创伤史和教育史；家庭情况主要描述相关的夫妻、父母、子女、兄弟姊妹及家庭的互动情况。

4. **行为观察** 包括评估对象外貌、对任务操作和对检查者的态度、合作程度等。

5. **测验结果描述** 一般而言，智力测验主要结果均要列出，如韦氏智力测验通常应列出全智商、指数量表、言语智商、操作智商、各分测验量表分及相应的百分位。人格测验结果形式不一，MMPI 结果一般先列出效度量表分，再按量表分高低列出各临床量表分，也有的按剖图表上临床量表顺序依次列出量表分；EPQ 结果则通常列出 4 个维度分数及人格特征分型；客观人格测验结果可直接列出，但投射测验不太容易恰当地描述，洛夏测验可列出总结表，画人测验、TAT 结果常不直接列出，TAT 结果常对评估对象最强烈的需求、压力及最常见的领域做出总结性简要描述。临床评定量表如症状量表则主要列出最突出的问题或症状。一般能力倾向、职业能力倾向及职业兴趣量表在人才选拔或职业咨询中应用则最好直接列出较详细的测查结果。

6. **评估结果的解释** 针对申请理由，按一定程序对评估对象的资料展开讨论。内容涵盖评估发现、主要测验分数的可信区间、结果的信度效度和诊断印象。

7. **建议** 针对评估对象存在的问题提出解决措施，包括现实可行的、有针对性的干预目标和处理策略。

8. **小结** 回顾和总结报告前面部分所给信息，要求准确精练，小结可以重复前面部分的原话，但绝对不能出现新信息新观点。

9. **签名**

三、评估报告的解释及其写作

（一）评估发现结果的解释

1. **整合资料** 整合资料涉及探索不同来源资料的异同，提取评估对象有关的有效信息，并将他们整合，形成对评估对象整体的认识。

（1）寻找共同成分：整合资料的第一步是寻找在资料中的共同成分和趋势。

（2）寻找资料间差异：与不同对象访谈所得资料可能出现差异。

2. **解释发现** 解释评估发现是个循环过程：基于评估发现形成有关评估对象的假设、寻找证据支持或否定假设、再用有支持的假设解释评估发现。解释评估发现要特别注意两个方面：解释要依据所有评估资料及谨慎概括和推论。

3. **诊断和预后判断** 绝对不能依据测验分数诊断,应联合使用测验结果、访谈、观察、背景数据和其他信息资料,比如不能仅仅因为某儿童智商是 68 就诊断该儿童为精神发育迟滞,还应搜集其适应行为的资料。在对评估对象的心理障碍评估时,还要对其预后做出评估。无论是得到好的或差的预后结论,都要有明确的依据。

(二)解释的呈现

1. **解释的组织形式** 评估结果的解释可以基于测验逐项展开,亦可基于领域一个一个的展开,或联合使用测验方式和领域方式。

2. **解释的肯定度及其表达** 评估结果的解释按主观性的大小可分为 3 种水平:第一种水平是在表面价值层面应用评估信息,尽可能少的解释。第二种水平是列出评估发现,进行概括并提出行为的因果假设。第三种水平做最概括的解释,包括对被试行为做解释性推测。这种水平涉及临床预感、洞察、直觉。可以使用不同语气词来体现解释的主观性和肯定度。

习 题

一、单项选择题

1. 下列心理评估情形,适合采用给予假设取向模式评估的是(   )。
   A. 心理咨询师希望了解学生学科学习特点,评估供学科选择提供参考
   B. 儿童精神病学专家考虑患者有注意缺陷多动障碍,评估为诊断提供参考
   C. 人力资源部希望了解新聘人员的特点,评估为岗位分配提供参考
   D. 某大学生想增进对自己能力水平和特点的认识
   E. 某高中生为了职业规划想知道自己的优势和强项

2. 了解报告阅读者的背景有助提高报告的(   )。
   A. 通俗性　　　　　　B. 简洁性　　　　　　C. 针对性
   D. 及时性　　　　　　E. 广泛性

3. 最直接指明心理评估报告重点内容的是(   )。
   A. 一般资料　　　　　B. 申请理由　　　　　C. 背景资料
   D. 测验结果　　　　　E. 建议

4. 获取评估对象的背景资料主要方法是(   )。
   A. 观察　　　　　　　B. 心理测验　　　　　C. 访谈
   D. 作品分析　　　　　E. 打电话

5. 下面属于行为解释的是(   )。
   A. 老师提问时他每次都举了手　　　　　B. 自习课他与邻座说话十多分钟
   C. 他是好动的人　　　　　　　　　　　D. 他朗读课文时声音洪亮
   E. 测量中他的手有些发抖

6. 关于心理评估报告的签名,**错误**的说法是(   )。
   A. 报告人要用钢笔或签字笔亲自签名
   B. 必须由报告书写者签名

C. 评估人员是一个团队，每一位成员都要签名

D. 签名表示签名人愿意为报告承担责任

E. 报告的末尾要有报告人的姓名、专业头衔和学位

7. 下面表述中客观程度最高的是(　　)。

A. 他的智力水平在中等范围

B. 他在 WAIS-RC 测验中总智商是 107

C. 可以推测他父母智力水平一般

D. 他成绩一般可能与智力水平一般有关

E. 他的综合能力挺强的

8. 完成心理评估后，评估者常要向申请者交送(　　)。

A. 观察录像　　　　B. 访谈记录　　　　C. 评估报告

D. 评估计划　　　　E. 测验单

9. 相对来说，对心理评估报告措辞的精确性要求更高的申请者是(　　)。

A. 教辅人员　　　　B. 管理人员　　　　C. 医务人员

D. 司法人员　　　　E. 社区人员

10. 评判一份心理评估是否具有价值及其价值大小的主要依据是(　　)。

A. 书写者的学术名望大小　　　　B. 报告的文学水平高低

C. 回答申请者问题的程度　　　　D. 报告的篇幅长短

E. 报告的专业术语数量

11. 报告评估对象的合作程度的地方是(　　)。

A. 评估背景　　　　B. 行为观察　　　　C. 测验结果

D. 结果解释　　　　E. 建议

12. 无须报告的智力测验结果是(　　)。

A. 分测验粗分　　　　B. 分测验量表分　　　　C. 全量表智商

D. 分量表智商　　　　E. 相应的百分位

13. 性别角色取向是评估对象生长发育史中(　　)时期主要关注问题之一。

A. 婴儿期　　　　B. 成年早期　　　　C. 更年期

D. 老年期　　　　E. 青春期

14. 结果解释中**不必**陈述的内容是(　　)。

A. 结果的计算过程　　　　B. 结果的可信区间　　　　C. 结果的影响因素

D. 结果的可信程度　　　　E. 每一题结果的评分

15. 关于评估报告的小结，**错误**说法是(　　)。

A. 可以补充前面遗漏的地方　　　　B. 可以省略不写

C. 可以重复前面的语句　　　　D. 必须准确精练

E. 要体现主要的建议

二、多项选择题

1. 为了有针对性地书写心理评估报告，应该了解报告阅读者的(　　)。

A. 任职机构　　　　B. 理论背景　　　　C. 申请原因

D. 年龄　　　　E. 专业

2. 应在评估报告中报告的评估者有关资料包括(   )。

    A. 姓名   B. 年龄   C. 性别

    D. 供职单位   E. 职称

3. 应在评估报告中报告的评估过程相关资料包括(   )。

    A. 评估者   B. 评估日期   C. 报告日期

    D. 评估工具   E. 评估单位

4. 背景资料中个人史部分可能包括(   )。

    A. 言语发育史   B. 重大疾病史   C. 重大创伤史

    D. 教育史   E. 婚育史

5. 关于评估结果的分析与解释,正确的说法有(   )。

    A. 要针对申请理由展开

    B. 主要是基于背景资料、行为观察和测验结果展开讨论

    C. 要提出解决问题的建议

    D. 内容涵盖评估发现、主要测验分数的可信区间、结果的信度效度和诊断印象

    E. 所讨论的评估发现,应有效地提示评估对象的心理问题或特点

6. 报告测验结果时可以报告(   )。

    A. 测验分数   B. 分数的意义   C. 分数的可信区间

    D. 分数的百分位   E. 分数等级

7. 老年人心理评估的个人史背景重点内容包括(   )。

    A. 如何应对心理与生理功能下降   B. 退休后活动范围

    C. 性生活质量   D. 个人价值感和社会生活的信念

    E. 对待权威的态度

8. 描述所观察到的行为时,应交代行为的(   )。

    A. 发生时间   B. 产生动机   C. 持续时间

    D. 频率   E. 强度

9. 针对(   ),无须全面报告原始测验数据。

    A. 评估对象本人   B. 评估对象的班主任   C. 评估对象的心理咨询师

    D. 评估对象的律师   E. 司法精神病学专家

10. 下面心理评估报告的句子中**不恰当**的有(   )。

    A. 他言语能力不足

    B. 他上衣有黑色圆形纽扣

    C. 他的MMPI中L分高,说明他在说谎

    D. 他的智商是104,属于中等智力范围

    E. 他言语智商高于操作智商,建议选择文科

三、问答题

1. 心理评估报告有哪些用途?

2. 心理评估报告有哪些基本要求?

3. 完整的心理评估报告的基本内容是什么?

4. 心理评估报告中关于当前心理问题需描述哪些内容?

5. 心理评估报告如何报告行为观察？

6. 书写心理评估报告时如何处理评估发现？

7. 心理评估报告在文字写作方面有哪些要求？

8. 评估对象的背景资料有哪些内容？

9. 如何报告测验结果？

参 考 答 案

一、单项选择题

1. B　　2. C　　3. B　　4. C　　5. C　　6. B　　7. B　　8. C　　9. D　　10. C

11. B　　12. A　　13. E　　14. A　　15. A

二、多项选择题

1. ABCE　　2. ADE　　3. ABCDE　　4. ABCDE　　5. ABDE　　6. ABCDE

7. ABD　　8. ACDE　　9. ABD　　10. ABCE

三、问答题

1. 心理评估报告有哪些用途？

答：心理评估报告有 4 个用途：向申请人、申请单位或者其他有关单位提供与评估有关的正确信息；为临床假说、干预计划的制订、疗效的评价与研究提供依据；作为档案材料，为今后评估特别是临床效果评价提供比对的基线；作为法律文件。

2. 心理评估报告有哪些基本要求？

答：评估报告应精心组织，依据充分；评估报告要有针对性，报告有针对性地提供信息；报告要清楚简洁；报告要尊重评估对象；报告要书写及时。

3. 完整的心理评估报告的基本内容是什么？

答：基本内容包括：一般资料；申请评估的理由；背景资料；行为观察；测验结果描述；评估结果的解释；建议；小结；签名。

4. 心理评估报告中关于当前心理问题需描述哪些内容？

答：问题出现的时间、性质和可能的诱因；发生以后出现的频度和强度；问题的演变；过去诊疗经过和治疗效果。

5. 心理评估报告如何报告行为观察？

答：要报告评估对象在家庭、学校、职业场所、医院等自然场所和测验、访谈过程中的行为表现，内容包括评估对象外貌、对任务操作和对检查者的态度、合作程度等。报告时要区分行为描述和行为解释、推断；报告应始终准确并具有针对性；以肯定的句式报告已经出现并被观察到的行为，包括行为的发生时间、持续时间、频度及强度等。

6. 书写心理评估报告时如何处理评估发现？

答：只有重要的、经过整合、解释，没有歧义，能让阅读者看出评估对象的某种趋势的发现才写入报告。一些评估发现对认识评估对象及其问题没有帮助，如信度低、效度低的测验结果,不要报告,也不要写与评估目的无关的事情,更不要写与评估目的关联不紧密且有潜在的损害性的发现。

7. 心理评估报告在文字写作方面有哪些要求?

答:报告写作要做到语法规范、标点正确、避免错别字,在遣词造句方面要易懂、正规、简洁。

8. 评估对象的背景资料有哪些内容?

答:评估对象背景资料涉及早年生长发育和心理发展、家庭环境、学校学习或工作情况、个人兴趣与业余爱好、人际关系情况、重大生活事件、当前心理问题发生和演变情况、医学方面资料等。一般包括以下具体内容:评估对象的人口学资料;当前心理问题本身的描述(包括:症状开始时间、性质和可能的诱因;发生以后出现的频度和强度;问题的演变;过去诊疗经过和治疗效果。);个人成长史,指评估对象生理发育及心理发展情况,重点关注每个年龄阶段的关键期情况、重大疾病史、重大精神创伤史和教育史;家庭情况主要描述相关的夫妻、父母、子女、兄弟姊妹及家庭的互动情况。

9. 如何报告测验结果?

答:在报告测验结果时,不要简单的报告测验分数,还要整合分数、解释分数,不仅要报告测验的名称、测验分数及其意义,还要报告结果间的关系分析和可能影响测验结果的因素。对报告所提供的数据要仔细计算和核查,并报告测验结果的信度和效度。在报告中尽量少使用统计学、测量学术语。对必须使用的统计学概念,要使用恰当,依习惯方式准确描述。

（姚树桥　彭婉蓉）

模拟试题一

一、名词解释（每小题2分，共20分）

1. 心理评估
2. 心理测验
3. 特质
4. 特殊能力倾向测验
5. 行为访谈
6. 职业兴趣
7. 神经心理评估
8. 测谎
9. 心理健康评定量表
10. 流体智力

二、单项选择题（每小题1分，共10分）

1. 公认为世界上第一份科学的智力量表是(　　　)。
   A. 韦氏智力量表　　　　B. 比奈-西蒙量表　　　　C. 陆军甲种测验
   D. 瑞文推理测验　　　　E. 贝利婴幼儿发育量表

2. 成就测验主要用于(　　　)。
   A. 教育领域　　　　B. 临床诊断　　　　C. 人才选拔
   D. 调查研究　　　　E. 心理干预

3. 心理测量本质上是在(　　)量表水平上进行的。
   A. 名称　　　　B. 等级　　　　C. 等距
   D. 比率　　　　E. 临床

4. 瑞文测验主要测量(　　　)。
   A. 言语表达能力　　　　　　　　B. 集中注意能力
   C. 空间分析和逻辑推理能力　　　D. 视觉分析和转换能力
   E. 记忆力

5. 提起林黛玉时，我们往往最先想到她的多愁善感，这个"多愁善感"属于她人格里的(　　　)。
   A. 首要特质　　　　B. 次要特质　　　　C. 根源特质
   D. 能力特征　　　　E. 优势品格

6. 特殊能力倾向测验具有诊断功能和( )功能。

    A. 安置   B. 选拔   C. 预测

    D. 想象   E. 治疗

7. 下列临床访谈分类中, **不属于**根据访谈目的来分类的是( )。

    A. 收集资料性访谈   B. 结构式访谈   C. 心理诊断性访谈

    D. 心理治疗性访谈   E. 随机访谈

8. 行为评估从( )演化而来。

    A. 行为主义学习理论   B. 精神分析理论   C. 人本主义理论

    D. 认知心理学理论   E. 人格特质理论

9. R Likert(1932)提出了一种有别于 Thurstone 态度量表的编制方法, 被称之为( )。

    A. 间隔相等法   B. 成对比较法   C. 强度分析法

    D. 总加评定法   E. 比率法

10. 下面属于行为解释的是( )。

    A. 老师提问时他每次都举了手   B. 自习课他与邻座说话十多分钟

    C. 他是好动的人   D. 他朗读课文时声音洪亮

    E. 他对人非常热情

三、多项选择题(每小题 2 分, 共 20 分)

1. 成就测验所涉及的基本技能领域包括( )。

    A. 词汇   B. 拼写   C. 数学

    D. 自然   E. 语言

2. 心理评估的特性包括( )。

    A. 直接性   B. 间接性   C. 主观性

    D. 相对性   E. 互动性

3. 任何测量都应该具备的要素是( )。

    A. 量表   B. 参照点   C. 等级

    D. 单位   E. 法则

4. 行为评估的作用有( )。

    A. 鉴别目标行为、替代行为和原因变量   B. 制订干预策略

    C. 重新评价目标行为和原因行为   D. 评估行为的后果

    E. 改善行为

5. 神经心理评估的目的包括( )。

    A. 诊断   B. 研究   C. 预测

    D. 制订治疗和康复计划   E. 治疗

6. 背景资料中个人史部分可能包括( )。

    A. 言语发育史   B. 重大疾病史   C. 重大创伤史

    D. 教育史   E. 婚育史

7. 6、SCL-90 量表指标包括( )。

    A. 总均分   B. 阳性水平痛苦水平   C. 阴性水平痛苦水平

    D. 阳性项目数   E. 因子分

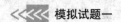

8. 以下测验属于投射测验的有( )。

    A. 罗夏墨迹测验   B. 中国人个性测量表   C. 主题统觉测验

    D. 句子完成测验   E. 画人测验

9. 如果复本信度考虑到两个复本实施的时间间隔,并且两个复本的施测相隔一段时间,则称( )。

    A. 重测复本信度   B. 重测信度   C. 复本信度

    D. 稳定与等值系数   E. 同质性信度

10. 盖塞尔发展量表 0~3 岁分 8 个关键年龄包括( )。

    A. 4 周   B. 28 周   C. 40 周

    D. 24 个月   E. 36 个月

四、问答题(共 30 分)

1. 行为观察的具体步骤有哪些?(3 分)

2. 行为矫正的内容有哪些?(4 分)

3. 与非标准化的评估相比,心理评估有哪些不同?(4 分)

4. 简单介绍人格的三因素模型理论。(4 分)

5. 常用的特殊能力倾向测验有哪些?(4 分)

6. 霍兰德自我指导探索量表 SDS 的优点有哪些?(5 分)

7. 影响信度的因素有哪些?(6 分)

五、综合应用题(每小题 10 分,共 20 分)

1. 请根据某求助者 WAIS-RC 的测试结果回答下列问题:

	知识	领悟	算术	相似	数广	词汇	数符	填图	木块	图排	拼图
原始分	23	17	9	17	8	55	66	13	40	24	32
量表分	13	10	7	11	6	11	15	10	13	11	13

VIQ=95   PIQ=115   FIQ=104

单选:

(1)施测 WAIS-RC,一般的做法是( )。

    A. 先言语后操作   B. 先操作后言语

    C. 言语和操作交替进行   D. 可根据具体情况施测

(2)如果可信限水平 85%~90%,该求助者 FIQ 的波动范围是( )。

    A. 90~100   B. 99~109   C. 110~120   D. 104~110

多选:

(3)与全量表相比,下列分测验属于该求助者弱点的有( )。

    A. 算术   B. 领悟   C. 填图   D. 数广

(4)该求助者得分恰好处于 84 百分等级的分测验有( )。

    A. 领悟   B. 知识   C. 木块   D. 拼图

（5）根据测验结果，可以判断该求助者高于常模平均数水平的分测验有（　　）。

  A. 领悟   B. 填图   C. 词汇   D. 图拼

（6）根据韦克斯勒的标准，对该求助者测验结果正确解释的有（　　）。

  A. 可能有言语缺陷   B. 听觉加工模式较视觉加工模式好

  C. 操作技能发展比言语技能好   D. V-P 无明显差异

2. 下面是一位男性求助者的 MMPI-1 测试结果，请据此回答问题：

Q=0（原始分）	Hs=62	Pa=51	Mf=65
L=4（原始分）	D=75	Pt=72	Si=72
F=49	Hy=68	Sc=46	
K=50	Pd=37	Ma=31	

（1）MMPI-1 共有（　　）个题目，其中有（　　）个重复题。

（2）根据测试结果，哪些分量表具有解释意义？（多选）

  A. Hs、Hy   B. Mf、Si   C. D、Pt   D. D、Pa

（3）根据测试结果，哪些维度同时升高提示为神经症测图？（多选）

  A. D   B. Pt   C. Hs   D. Si

（4）请对 Hs 和 Mf 的得分情况进行解释。

（刘　畅　万洪泉）

模拟试题一 答案要点

一、名词解释（每小题2分，共20分）

1. 心理评估：是应用观察、访谈、心理测验等多种方法获得信息，对评估对象的心理品质或状态进行客观的描述和鉴定。

2. 心理测验：是测量一个行为样本的程序，或由一定数量的题目组成用于测量人的某项品质或学生掌握程度的工具，通俗来讲心理测验就是由有关领域的专家经过长期的编制、试用、修订、完善而逐渐形成的标准化测量工具。

3. 特质：是决定个体行为的基本特性，是人格的有效组成元素，也是测评人格所常用的基本单位。

4. 特殊能力倾向测验：是测量个体有效进行某种特定活动所必须具备能力的测验，也是测定智能的特殊因素的一种测验。它具有两种诊断职能和预测职能。

5. 行为访谈：行为访谈是一种临床访谈，其重点是运用学习原理（即经典和操作条件反射）获取信息，以便制订行为矫正计划。

6. 职业兴趣：是指个体表现在职业活动中的兴趣。也就是说，一个人对某种职业活动表现出肯定的态度，并积极探索和追求。职业兴趣是兴趣在职业选择活动方面的一种表现形式，它体现了职业与从业者之间的相互影响。

7. 神经心理评估：是对大脑功能受损者的心理行为进行测查和评价，是神经心理学研究与临床实践的重要手段。

8. 测谎：将心理学、生物医学、侦察讯问学及电子电路技术与基本的计算机知识等多种学科融为一体，对个人内心隐瞒意图和状态进行探测的一门科学。"测谎"并不是检测谎言本身，而是要检测个人想隐瞒的心理反应所引起的生理指标的变化。因此，科学地说，"测谎"其实就是一种"心理测试"。

9. 心理健康评定量表：应用于心理健康领域，对心理健康的某些方面进行评定，用来量化观察中所得印象的一种测量工具。

10. 流体智力：指那些非言语的、受文化背景影响较小的能力，包括人们对环境的适应性和学习新知识的能力，它与心理过程和操作有关。

二、单项选择题（每小题1分，共10分）

1. B　　2. A　　3. B　　4. C　　5. A　　6. C　　7. B　　8. A　　9. D　　10. C

三、多项选择题(每小题2分,共20分)

1. ABCE   2. BDE   3. BD   4. ABC   5. ABCD   6. ABCDE

7. AB   8. ACDE   9. AD   10. ABCDE

四、问答题(共30分)

1. 行为观察的具体步骤有哪些?(3分)

答:(1)确定目标行为及其操作性定义;

(2)选择记录数据的方法;

(3)确认实施观察的方式,获得目标行为的代表性样本。

2. 行为矫正的内容有哪些?(4分)

答:(1)观察、测量和评估个体当前可观察到的行为模式;

(2)确定环境中的先前事件和行为发生之后的结果;

(3)建立新的行为目标;

(4)通过控制所确定的先前事件和行为结果,促进新行为的学习或改变当前的行为。

3. 与非标准化的评估相比,心理评估有哪些不同?(4分)

答:心理评估是一种有计划的职业行为和技术,与非标准化的评估不同之处有:第一,评估者是具有资格的心理学或相关专业的专业人员;第二,使用观察、访谈、测量等方法,广泛深入地搜集资料,且使用的评估程序和心理测验准确有效;第三,评估的各个阶段都会受到理论的指导。

4. 简单介绍人格的三因素模型理论。(4分)

答:艾森克依据因素分析方法提出了人格的三因素模型。这三个因素是:①外倾性,它表现为内、外倾的差异;②神经质,它表现为情绪稳定性的差异;③精神质,它表现为与社会适应性有关的人格特征,并依据这一模型编制了艾森克人格问卷(EPQ,1975),应用广泛。

5. 常用的特殊能力倾向测验有哪些?(4分)

答:常用的特殊能力倾向测验主要有关于感知觉和心理运动能力测验、机械能力测验、文书能力测验、艺术和音乐能力测验等四个方面能力倾向的测验。

6. 霍兰德自我指导探索量表SDS的优点有哪些?(5分)

答:(1)该测验编制有很好的理论基础;

(2)该测验具有良好的信度和效度;

(3)受测者可以自己施测、自己计分和解释结果;

(4)几乎涵盖了美国所有常见的职业;

(5)花费少,经济高效。

7. 影响信度的因素有哪些?(6分)

答:(1)测验长度:测验越长,信度越高。

(2)样本特征:样本越异质,分数的分布范围越分散,其信度系数也越高;反之样本越同质,分数的分布范围越集中,相关系数就越小,信度系数也越低。

(3)测验难度:只有难度适中,使测验分数分布范围最大时,测验的信度才可能最高。

五、综合应用题(每小题10分,共20分)

1.(1)A　(2)B　(3)AD　(4)BCD　(5)CD　(6)ABC　(单选1分,多选2分)

2.(1)566和16(2分)　(2)ABC(2分)　(3)AB(2分)

(4)Hs量表高于60:表示被试对身体功能的不正常关心。得分高者即使身体无病,也总觉得身体欠佳,表现疑病倾向。(2分)

Mf量表高于60:得分高的男性被看作为女性化、爱美、被动,他们缺乏对异性的追求。(2分)

（刘　畅　万洪泉）

一、名词解释（每小题 2 分，共 20 分）

1. 心理量表
2. 常模
3. 投射测验
4. 多重能力倾向测验
5. 行为观察
6. ATSS
7. 事件相关电位
8. 皮肤电传导
9. 量表的敏感性
10. 晶体智力

二、单项选择题（每小题 1 分，共 10 分）

1. 被视为心理测验萌芽的是（ ）。
   A. 隋唐之际形成科举考试
   B. 夏朝时的文官考试
   C. 七巧板的发明
   D. 诸葛亮观人七法
   E. 俞子夷的小学生国文毛笔书法量表

2. 成就测验更重视（ ）。
   A. 结构效度
   B. 内容效度
   C. 效标效度
   D. 表面效度
   E. 预测效度

3. 参照点就是确定事物的量时计算的（ ）。
   A. 起点
   B. 标准
   C. 终点
   D. 中点
   E. 中位点

4. 斯坦福 - 比奈 1916 年智力量表引入了一个重要的概念是（ ）。
   A. 比率智商
   B. 比差智商
   C. 率差智商
   D. 相对智商
   E. 绝对智商

5. 如一个人在外面很粗鲁，而在自己的母亲面前很顺从。这里的"顺从"就是他（ ）。
   A. 首要特质
   B. 次要特质
   C. 根源特质
   D. 能力特征
   E. 表面特征

6. 视力检查表是( )测验的主要工具。
   A. 艺术能力　　　　　B. 视觉敏锐度　　　　C. 颜色视觉
   D. 运动能力　　　　　E. 视野

7. 下列( )不属于行为观察的记录方法。
   A. 间隔记录　　　　　B. 描述记录　　　　　C. 事件记录
   D. 潜伏期记录　　　　E. 频率记录

8. ( )是最基本的行为评估方式。
   A. 行为观察　　　　　B. 行为监测　　　　　C. 行为记录
   D. 行为访谈　　　　　E. 患者作品

9. Guttman 提出了第三种态度测量的方法,称之为( )。
   A. 间隔相等法　　　　B. 成对比较法　　　　C. 总加评定法
   D. 强度分析法　　　　E. 自由反应法

10. 标准化、数量化资料的评估方法是( )。
    A. 观察　　　　　　　B. 作品分析　　　　　C. 心理测验
    D. 访谈　　　　　　　E. 家庭作业

三、多项选择题(每小题2分,共20分)

1. 成就测验所涉及的附加技能领域包括( )。
   A. 拼写　　　　　　　B. 图表的应用　　　　C. 地图的应用
   D. 自然科学知识　　　E. 社会学知识

2. 在实际工作中,心理评估的目的包括( )。
   A. 诊断　　　　　　　B. 预测　　　　　　　C. 创收
   D. 筛查　　　　　　　E. 进程评估

3. 发展常模包括( )。
   A. 百分位数常模　　　B. 发展顺序常模　　　C. 年级常模
   D. 年龄常模　　　　　E. 标准分数常模

4. 间接评估包括( )。
   A. 行为访谈　　　　　B. 自我监控　　　　　C. 自陈量表
   D. 评定量表　　　　　E. 模拟评估

5. 下列( )符合 AD 诊断标准。
   A. 失语　　　　　　　B. 执行功能障碍　　　C. 失认
   D. 失用　　　　　　　E. 语速缓

6. 下面心理评估报告的句子中不恰当的有( )。
   A. 他言语能力不足
   B. 他上衣有黑色圆形纽扣
   C. 他的中 L 分高,说明他在说谎
   D. 他的智商是104,属于中等智力范围
   E. 他言语智商高于操作智商,建议选择文科

7. 下列属于社会支持评定量表维度的是( )。
   A. 客观支持　　　　　B. 主观支持　　　　　C. 对社会支持的感兴趣度

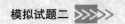
D. 对社会支持的利用度　　E. 对社会支持的接受度

8. 关于卡氏16种人格因素测验,正确的说法有(　　　)。

　　A. 是美国心理学家卡特尔教授(R. B. Cattell)研制

　　B. 与其他类似的测验相比较,它能以同等的时间测量更多方面主要的人格特质

　　C. 可作为了解心理障碍的个性原因及心身疾病诊断的重要手段

　　D. 可用于人才的选拔

　　E. 高度结构化,实施方便,记分、解释都比较客观

9. 一个好的效标需具备(　　　)的条件。

　　A. 有效性　　　　　　　　B. 较高的信度　　　　　　　C. 可以客观测量

　　D. 测量简单,经济实用　　E. 表面效度高

10. 韦克斯勒用来表示被试的智力发展水平的指标有(　　　)。

　　A. 全量表智商　　　　　　B. 言语智商　　　　　　　　C. 操作智商

　　D. 语言智商　　　　　　　E. 创造力商数

四、问答题(共30分)

1. 使行为法产生误差的原因有哪些?(4分)

2. 简述行为评估的目标。(4分)

3. 心理评估就是心理测量吗?(4分)

4. 人格测量法主要优点是什么?其测量方式有哪几种?(4分)

5. 能力倾向测验的应用中存在哪些问题?(4分)

6. 霍兰德RIASEC职业兴趣类型理论是什么?(5分)

7. 编制一个标准化测试的程序有哪些步骤?(5分)

五、综合应用题(每小题10分,共20分)

1. 请根据某求助者WAIS-RC的测试结果回答下列问题:

	知识	领悟	算术	相似	数广	词汇	数符	填图	木块	图排	拼图
原始分	25	18	15	18	14	65	35	17	31	25	17
量表分	15	11	13	11	12	13	9	13	10	12	7

VIQ=115　PIQ=110　FIQ=107

单选:

(1)WAIS-RC各分测验的导出分数为(　　　)。

　　A. 标准二十　　　　　B. 标准十　　　　　　C. 标准九分　　　　　　D. 百分等级

(2)如果可信限水平85%~90%,该求助者FIQ的波动范围是(　　　)。

　　A. 90~100　　　　　　B. 102~112　　　　　C. 110~120　　　　　　D. 104~110

多选:

(3)与全量表相比,下列分测验属于该求助者强点或弱点的有(　　　)。

A. 知识   B. 算术   C. 木块   D. 拼图

（4）该求助者得分恰好处于84百分等级的分测验有（   ）。

A. 木块   B. 算术   C. 词汇   D. 填图

（5）根据测验结果，可以判断该求助者低于常模平均水平的分测验有（   ）。

A. 领悟   B. 相似   C. 数符   D. 拼图

（6）根据韦克斯勒的标准，该求助者测验结果的不正确解释是（   ）。

A. 言语技能发展比操作技能好   B. 可能有运动障碍

C. 可能有言语缺陷   D. V-P无明显差异

2. 请根据某求助者MMPI的测试结果回答问题：

（1）MMPI-1的临床量表主要集中在前（   ）个题目。

A. 339   B. 399   C. 550   D. 566

（2）MMPI所采用的导出分数是T分数，T分数以（   ）为平均数和标准差。

A. 100和15   B. 100和16   C. 50和10   D. 10和3

（3）该求助者F量表上的得分表明他（   ）。

A. 有21道无法回答的题目   B. 有说谎倾向，结果不可信

C. 有明显的装病倾向   D. 临床症状比较明显

（4）在测验中该求助者回答矛盾和无法回答的题目数量是（   ）。

A. 11   B. 5   C. 21   D. 10

（5）Pd量表的K校正分应该当是（   ）。

A. 26   B. 28   C. 29   D. 34

（6）该求助者测试结果两点编码的类型是（   ）。

A. 12/21   B. 20/02   C. 28/82   D. 27/72

（7）请对D和Si量表的分数进行解释。

量表	Q	L	F	K	Hs	D	Hy	Pd	Mf	Pa	Pt	Sc	Ma	Si
原始分	11	5	22	12	15	35	26	24	26	18	24	31	18	43
K校正分					21			?			36	43	20	
T分	50	47	60	43	59	68	57	58	46	63	55	56	47	62

（刘 畅 万洪泉）

模拟试题二　答案要点

一、名词解释(每小题2分,共20分)

1. 心理量表:是按照一定规则编制的标准化的测量工具,用以在标准情境中抽取评估对象的行为样本。

2. 常模:是指标准化样组在某一测验上的平均水平,可以用它来表示个体分数在团体中相对位置的高低。

3. 投射测验:是指那些相对缺乏结构性任务的测验,包括测验材料没有明确结构和固定意义,以及对反应的限定较少。

4. 多重能力倾向测验:测量一个人的多方面的特殊潜能的测验,测量的结果是产生一组不同的能力倾向分数,从而提供表示个体特有长处和短处的能力轮廓。

5. 行为观察:行为观察是为全面了解行为问题,采用观察的方法中最基本的行为评估方式。在行为观察中,心理学家记录下特定行为的频率和强度,同时记下那些可能引发和维持该行为的情境变量。这种对行为和情境都予以重视的双重模式使人对问题行为发生的情境前提和后果都有所了解。

6. ATSS:全称检验性态度量表(attitudes toward sexuality scale),该量表包括与性价值观、性道德观、生育观和社会家庭影响等相关的问题,用来测查12~20岁的青少年的性态度特征。

7. 事件相关电位:是一种特殊的脑诱发电位,凡是外加一种特定的刺激,作用于感觉系统或脑的某一部位,在给予刺激或撤销刺激时,或当某种心理因素出现时,在脑区引起的电位变化都可成为事件相关电位。

8. 皮肤电传导:是由皮肤电传导耦合器记录皮肤表层电属性发生变化所需要的电信号。目前有两种不同的记录系统来测量通过皮肤表面的电活动变化,一个系统是让一股低电流通过两个电极之间——记录和储存电阻;另一个系统是在两极之间加上一个低电压——直接记录皮肤电传导。目前,直接记录皮肤电传导在心理生理学测量领域应用更广。

9. 量表的敏感性:指选择的量表应该对所评定的内容敏感,即能测出受评者某特质、行为或程度上的有意义的变化。

10. 晶体智力:指与生活环境有明显关系、获得性的知识和技能,包括人们已掌握和建立起的认知功能,它与心理活动的结果和成就有关。

二、单项选择题(每小题1分,共10分)

1. A　2. B　3. A　4. C　5. B　6. B　7. B　8. D　9. D　10. C

三、多项选择题（每小题 2 分，共 20 分）

1. BCDE　　2. ABDE　　3. ABCD　　4. ACD　　5. ABCD　　6. ABCE
7. ABC　　8. ABCDE　　9. ABCD　　10. ABC

四、问答题（共 30 分）

1. 使行为法产生误差的原因有哪些？（4 分）

答：（1）参照标准不同。

（2）偏倚倾向，偏倚倾向包括"光环效应"（halo effect）和"魔鬼效应"（devil effect）。

（3）期待效应。

2. 简述行为评估的目标。（4 分）

答：（1）确认问题行为及控制或维持该行为的背景变量，并使之操作化；

（2）对问题行为与控制变量之间的关系进行评估；

（3）根据行为评估结果，制订恰当的治疗方案；

（4）评估治疗的有效性。

3. 心理评估就是心理测量吗？（4 分）

答：心理评估是应用多种方法获得信息，对评估对象的心理品质或状态进行客观的描述和鉴定。心理测量是借助标准化的测量工具将人的心理现象或行为进行量化。两者有时被视为同义词互换使用，但严格说它们是有区别的：第一，心理评估可由心理测量，还可有访谈、观察、调查等方法搜集资料；第二，心理测量则常常得到量化的结果，心理评估的资料可以是定性的或定量的；第三，心理测量重点是搜集资料，心理评估则要求整合资料并解释资料的意义，做出结论。

4. 人格测量法主要优点是什么？其测量方式有哪几种？（4 分）

答：与观察法、晤谈法和作品分析法相比，测量法更加客观、深入、全面。人格测量方式有三种：第一是主观评定，是评估人员在观察和晤谈的基础上用人格核查表或评定量表来评估人格。第二是客观评定，让评估对象针对量表中的项目自己评价并报告到答卷纸中，之所以称为客观评定，是指未加入评估人员的主观成分。第三是投射技术，运用投射测验，由评估对象自由反应，评估人员依据其反应去分析被试人格。

5. 能力倾向测验的应用中存在哪些问题？（4 分）

答：（1）能力倾向测验的预测性问题；

（2）能力倾向测验的分数解释问题；

（3）辅导对于测验分数的影响；

（4）能力倾向测验的公平性问题。

6. 霍兰德 RIASEC 职业兴趣类型理论是什么？（5 分）

答：霍兰德在其长期的职业指导和咨询实践的基础上认为个体的职业兴趣就是个体的人格体现，兴趣是人和职业匹配过程中最重要的人格因素。大多数人的职业兴趣（人格类型）可以归纳为现实型、研究型、艺术型、社会型等六种类型。每一种职业兴趣类型均有其不同的特点。人们将其简称为 RIASEC 理论。

7. 编制一个标准化测试的程序有哪些步骤？（5 分）

答：编制测验一般要经过以下五个步骤：

（1）确定测验目的：包括明确测验对象、用途以及目标。

（2）编制试题：包括试题编写、编排、预测、修改等内容。

（3）测验编排与预测。

（4）标准化：包括试题编制标准化，测验实施标准化，测验的信、效度以及建立常模等。

（5）编写测验手册：包括测验目的与功用，选材依据，测验的基本特征，实施方法，标准答案和评分以及常模资料等。

五、综合应用题（每小题10分，共20分）

1.（1）A （2）B （3）AD （4）BCD （5）CD （6）ABC（单选1分，多选2分）

2.（1）B （2）C （3）C （4）A （5）C （6）D（单选1分）

（7）D 量表高于60：表示被试有忧郁、淡漠、悲观、思想与行动缓慢有关。高分可能会自杀。（2分）

Si 量表高于60：表示被试可能内向、胆小、退缩、不善于交际、屈服、过分自我控制、紧张、固执或自罪。（2分）

（刘 畅 万洪泉）